W0060592

Meyer/Widmann
FlipchartArt

Elke Meyer, Wolfsburg, trainiert, coacht und berät in ihrer Firma improve Kompetenzentwicklung zu den Schwerpunkten Führung, Kommunikation, Konfliktmanagement, Flipchartgestaltung, Selbstmanagement und Karriereplanung.

Stefanie Widmann, München, trainiert selbständig Seminare mit den Schwerpunkten Führung, Kommunikation, Konfliktmanagement, Zeitmanagement, Flipchartgestaltung und Trainerausbildung.

FlipchartArt

Ideen für Trainer, Berater und Moderatoren

von Elke Meyer und
Stefanie Widmann

2., wesentlich erweiterte Auflage, 2009

PUBLICIS

Bibliografische Information Der Deutschen Nationalbibliothek

Die Deutsche Nationalbibliothek verzeichnet diese Publikation in
der Deutschen Nationalbibliografie; detaillierte bibliografische Daten
sind im Internet über http://dnb.d-nb.de abrufbar.

Einige der dargestellten Bilder basieren auf Vorlagen von Kim Schmidt, Autor von „Comicfiguren zeichnen step by step" und anderer Werke. Einige der dargestellten Bilder basieren
auf Vorlagen von Michael Steffens, Herausgeber der CD-ROM „2.300 Illustrationen für
die erfolgreiche Präsentation rund ums Geschäfts- und Arbeitsleben" (www.msp-media.de).
Außerdem durften Autorinnen und Verlag Charts von Lucas Derks und einigen weiteren
Personen verwenden. Bei den übrigen Charts haben die Autorinnen versucht, die Bilder
unabhängig von irgendwelchen Vorlagen zu entwerfen. Eventuelle Ähnlichkeiten sind nicht
gewollt und rein zufällig.

Autorinnen und Verlag haben alle Texte in diesem Buch mit großer Sorgfalt erarbeitet.
Dennoch können Fehler nicht ausgeschlossen werden. Eine Haftung des Verlags oder
der Autorinnen, gleich aus welchem Rechtsgrund, ist ausgeschlossen.

http://www.publicis.de/books

Lektorat: Dr. Gerhard Seitfudem/Dorit Gunia, Publicis Publishing, Erlangen

ISBN 978-3-89578-337-1

Verlag: Publicis Publishing, Erlangen
© 2009 by Publicis KommunikationsAgentur GmbH, GWA, Erlangen

Printed in Germany

Geleitwort

Neuere Untersuchungen zeigen, dass jeder Mensch einen bevorzugten Wahrnehmungskanal hat, und dies ist nicht in jedem Fall der visuelle. Trotzdem bleibt es unbestrittene Tatsache, dass der Mensch ein „Augentier" ist und die meisten Informationen mit den Augen aufnimmt. Welche Bedeutung der visuelle Kanal in der menschlichen Kommunikation hat, wird unmittelbar klar, wenn man sich nur den visuellen Anteil im täglichen Miteinander vergegenwärtigt, von der allgegenwärtigen Werbung bis hin zum nonverbalen Anteil im zwischenmenschlichen Dialog.

In der Arbeitswelt zeugt der Erfolg von Programmen, wie Microsofts „Powerpoint", von der Bedeutung, die der Visualisierung von Informationen zukommt. Die ausgeklügelten technischen Möglichkeiten der Visualisierung, vom Clipart über die Flash-Animation bis hin zur Filmsequenz in modernen Präsentationstools, spielen uns dabei allerdings oft einen Streich. Sie verstellen nur zu leicht den Blick für den Sinn und Zweck von Visualisierung, nämlich dafür, dass das „vor Augen führen" von Informationen der Reduzierung von Komplexität und der leichteren Erfassung von Informationen dient: „Ein Bild sagt mehr als tausend Worte", aber nur, wenn es auf den Punkt kommt und nicht zum Selbstzweck verkommt.

Im Umkehrschluss ergibt sich daraus der unschlagbare Vorteil der klassischen Medien, wie etwa dem Flipchart. Es bietet die Möglichkeit der wesensgerechten Visualisierung. Kein Kunstlicht, keine virtuelle Bilderflut, kein Animationsgewirr lenkt von dem ab, worum es geht, dem Inhalt.

Flipchart-Darstellungen entlasten, es besteht keine Gefahr den Information-Overflow weiter zu fördern. Sie entschleunigen auf einfache Weise die Informationsbe- und verarbeitung und helfen zudem dadurch, dass sie so schlicht daherkommen, ein freundliches, warmes Arbeitsklima zu schaffen.

Ich finde es gut, dem Mainstream ein Buch entgegenzusetzen, das auf diese Zusammenhänge hinweist und Hilfestellung für den professionellen Einsatz dieses Mediums gibt.

Den Leserinnen und Lesern wünsche ich viele nützliche Anregungen für die eigene Visualisierungspraxis!

Josef W. Seifert

Inhaltsverzeichnis

1 Der Einstieg

„Ein Buch über Flipchart-Gestaltung?" fragen Teilnehmer, Kollegen und Freunde fast ungläubig. „Kann man darüber ein ganzes Buch schreiben und das auch noch in der heutigen Zeit, in der elektronische Medien fast ein Muss sind?"

Ja.

Man kann ein ganzes Buch darüber schreiben und es ist auch sinnvoll. Ein Buch über Flipchart-Gestaltung fehlt auf dem Markt und ist eine echte Bereicherung für Trainer, Moderatoren und Berater. Warum?

Die Visualisierung mit dem Flipchart ist einfach, verständlich, lebendig und mitvollziehbar. Gezielt eingesetzt führt es dazu, dass Ihre Gesprächspartner sich auch nach Tagen, Wochen oder sogar Monaten an Ihre Bilder und damit an Ihre Aussagen und Inhalte erinnern.

Unbestritten: In der heutigen Zeit sind technische Medien wie Beamer, Internetpräsentationen und multimediale Aspekte wichtig und anerkannt. Wir werben darüber hinaus für einen gebührenden Stellenwert von Flipcharts in Besprechungen, Präsentationen und Seminaren und zeigen auf, welche unbeachteten Möglichkeiten Ihnen das Flipchart bieten kann.

Unser Titel *FlipchartArt* deutet bereits an, dass wir die künstlerische, kreative Seite beleuchten. Gleichzeitig benötigt jeder Künstler grundlegendes Handwerkszeug. In diesem Buch berücksichtigen wir beides.

Es geht nicht darum, „Schnick-Schnack"-Bilder zu zeichnen, sondern Inhalte bildlich aufzubereiten um Verständnis für das Thema und das Miteinander zu erreichen. Und das in möglichst einfacher Form.

Dieses Buch wendet sich an alle, die das Flipchart schon nutzen und noch mehr Wirkung erzielen sowie mit ihren Bildern Begeisterung bei ihrem Publikum wecken wollen.

Es richtet sich auch an jene, die sich bislang ganz der Technik verschrieben hatten und neugierig sind, neue Wege in Präsentationen, Besprechungen, Moderationen und Trainings zu entdecken.

Eine dritte Zielgruppe sind all jene, die Freude daran finden sich auszuprobieren und es wagen wollen zu malen und zu zeichnen. Sie werden genau wie wir entdecken, wie sie von Bild zu Bild ideenreicher, koketter, wagemutiger werden und wie viel Spaß es machen kann zu zeichnen.

Was erwartet Sie an Inhalten?

- Sie können sich bewusst machen, wo Sie das Flipchart einsetzen möchten und wo nicht (Kapitel 2). Hierzu gehört auch die Abgrenzung zu und die gekonnte Kombination mit anderen Medien.

- Wir zeigen die grundlegenden Fertigkeiten und Schritte beim Erstellen von Flipcharts (Kapitel 3). Hier bekommen Sie als Anfänger das Grundhandwerkszeug zur Professionalität und Sicherheit.

- Im Anschluss hieran (Kapitel 4 und 5) werden Sie auch als Profi viele Ideen und Anregungen finden, wie Sie über das bisherige Maß hinaus kreativ und professionell mit Flipcharts agieren können, wie Sie mit Farbe betören und mit Formen überzeugen.

- Mit farbigen Beispielen aus der Praxis wollen wir Sie dafür gewinnen, Ihre Präsentationen und Darstellungen lebendiger werden zu lassen und Ihre Zuhörer – die ja auch Zuschauer sind – mehr und mehr zu faszinieren (Kapitel 6).

- Mit Flipchartständern umzugehen, Flipcharts zu transportieren und zu lagern ist auch für Profis nicht selbstverständlich. Deshalb geben wir Ihnen ein paar nützliche Tipps (Kapitel 7).

- Abschließend zeigen wir auf humorvolle Weise mögliche Fallen im Umgang mit dem Flipchart (Kapitel 8).

Wir selber zeichnen sehr gerne und erleben immer wieder, dass wir unser Publikum mit unseren Bildern erfreuen. Aus dieser Leidenschaft ist die Idee für dieses Buch geboren, angespornt durch den Wunsch vieler Trainerkollegen, Berater und Führungskräfte, Anregungen zu bekommen, wie sie ihre Flipcharts anschaulich, informativ, ansprechend und fassettenreich einsetzen könnten.

So haben wir uns entschlossen, unsere Ideen und auch die von Kollegen zusammenzutragen und zu veröffentlichen. Und seitdem hieß es schreiben, zeichnen, schreiben, zeichnen, absprechen, schreiben, schreiben, schreiben ... zeichnen ... und hier sehen Sie das Ergebnis.

Wir wünschen Ihnen viel Freude und viel Erfolg mit Ihren Flipcharts!

2 Das Flipchart gewinnbringend einsetzen

Wozu dienen (Präsentations)Medien? Sie dienen dazu, Ihre Worte, Inhalte und Anliegen zu visualisieren, d.h. in Bildern darzustellen. Damit erreichen Sie, dass der Zuhörer das Gesagte leichter verstehen und sich die Inhalte besser einprägen und merken kann. Das Wesentliche heißt also: Visualisierung!

2.1 Chancen und Grenzen

Sie kennen das: Jede Medaille hat zwei Seiten! So ist es auch mit einem zu wählenden Medium. Alle Medien können Sie sinnvoll einsetzen oder auch deplatziert verwenden.

Damit Sie künftig leichter für sich entscheiden können, wann welches Medium sinnvoll ist, finden Sie in diesem Kapitel die Möglichkeiten und Grenzen von Flipcharts. Im Anschluss daran folgen die Abgrenzung zu anderen Medien und Vorschläge, wie man sie ergänzend zum Flipchart nutzt.

2.1.1 Chancen des Flipcharts

Ein Flipchart zeichnet sich durch ganz besondere Eigenschaften aus. Es ist

- ortsunabhängig,
- leicht transportabel und
- somit leichter einsetzbar als andere Medien.

Es lässt sich in folgenden Situationen gewinnbringend einsetzen:

- in Besprechungen,
- in Moderationen,
- in Seminaren,
- in Präsentationen.

Schnell und flexibel In jeder dieser Anwendungssituationen können Sie eigene Äußerungen oder Bemerkungen aus dem Publikum schnell und flexibel auf dem Flipchart ergänzen. Dies kann vor allem dann hilfreich sein, wenn es darum geht Entscheidungen festzuhalten. Wie oft passiert es, dass alle Beteiligten aus einer Besprechung gehen und jeder denkt, ihm sei klar was zu tun ist. Und wenn man wieder am Schreibtisch sitzt, weiß fast keiner mehr genau, was besprochen wurde.

Deshalb: Unbedingt alles aufschreiben und das auf Ihrem Flipchart ergänzen, was für die weitere Arbeit von Belang ist!

Einigung festhalten Genau dasselbe trifft zu, wenn es darum geht, Arbeiten und Aufgaben zu verteilen. Oder auch eine Einigung herzustellen, ein Commitment zu erzielen. Wenn Sie dieses nicht schriftlich festhalten und jeder Beteiligte dazu laut „Ja" gesagt hat, kann es leicht passieren, dass sich Teilnehmer nach dem Ende der Besprechung dem gemeinsamen Ergebnis oder Ziel nicht mehr verpflichtet fühlen.

Darum: Jede Einigung ist immer schriftlich auf dem Flipchart zu fixieren! Nur was Schwarz auf Weiß steht, kann von jedem Beteiligten akzeptiert werden.

Prof. Dr. Friedemann Schulz von Thun bringt in seinem Buch „Klarkommen mit sich selbst und anderen: Kommunikation und soziale Kompetenz" (S. 223f) die Bedeutung von Visualisierung in folgenden Worten auch für uns passend auf den Punkt:

„Manche Besprechungen, manches Gespräch im kleinen Kreis, manche Konferenz, manche Beratung und sogar Psychotherapie würden mehr Verständnis und eine bessere Verankerung des Verstandenen erzielen, wenn die wesentlichen Punkte und Zusammenhänge visualisiert würden, und zwar aus dem Stegreif an Ort und Stelle. Es gibt heute nur wenige Zaubermittel für eine bessere Verständigung, die so selten benutzt werden! ... Wie hilfreich könnten auf Konferenzen, Besprechungen und Informationsveranstaltungen aller Art kleine Schaubilder sein – Ausruh-Inseln für den Geist, wenn wir im Meer der Worte zu ertrinken drohen."

Übersichtlichkeit gewährleisten Einsetzen können Sie das Flipchart etwa bis zu einer Publikumsgröße von 25 Personen. Bei dieser Größe bleibt eine freie Sicht auf das Medium gewährleistet und die Schrift ist gut lesbar – wenn Sie als Visualisierender groß und leserlich schreiben! Aber dazu kommen wir später.

Wahrnehmung „am Rande" Eine Stärke des Flipcharts ist, dass Sie präsentierte Inhalte für die Zuhörer dauerhaft im Sichtfeld halten können. Einerseits wird damit ein „peripheres Erinnern" unterstützt, wenn die Lerninhalte immer und immer wieder im Vorbeigehen oder beim „Umherschweifen mit den Augen" am Rande wahrgenommen werden. Andererseits haben Trainer und Moderatoren immer wieder die Möglichkeit für Rückbezüge und Querverweise.

Will man diese Möglichkeit nutzen, ist es oft sinnvoll, zwei oder mehrere Flipcharts parallel zu zeigen und eventuell sogar zu bearbeiten.

Durch die Visualisierung am Flipchart kann auf einfache Weise eine Brücke zu Ihrem Publikum entstehen. Dies geschieht, indem Sie einfach und prägnant ein Bild für Ihr Publikum entwickeln.

Brücke zum Publikum

Die Nähe zum Publikum entsteht weiterhin durch die Anwesenheit des Sprechenden und des Flipcharts im Zentrum des Blickfelds der Zuhörer. Diese zentrale Position erlaubt Ihnen bequem, in den Kontakt mit den Hörern zu treten. Sie holen Ihre Zuhörer aus der Passivität, aus der Konsumhaltung in die Aktivität.

Bei Flipcharts, die gemeinsam entwickelt werden, kann der Zuhörer einzelne Inhalte „mitvollziehen", in einer Geschwindigkeit, die ihn mitdenken lässt. Das gibt ihm die Chance, zu verstehen und sich auch nach längerer Zeit noch erinnern zu können. Das Gesagte kann er sofort oder später umsetzen und anwenden.

Aktivierung der Zuhörer

Diese „Aktivierung" erreichen Sie zum Beispiel durch offen gestellte Fragen wie

- „Was möchten Sie noch ergänzen?"
- „Welcher Punkt ist aus Ihrer Sicht oder Erfahrung noch wichtig?"
- „Was sollten wir in jedem Fall noch festhalten?"

Dabei kommt es darauf an, die Antwort der Teilnehmer in deren eigenem Wortlaut auf dem Flipchart zu ergänzen. Die Visualisierung hilft, dass der Hörer über mehrere Kanäle Zugang zu Ihren Inhalten erhält:

- visuell und
- auditiv.

Dies unterstützt Ihre Hörer, sich die Inhalte langfristig einzuprägen.

Ferner bekommt das jeweilige Thema durch das gemeinsame Erarbeiten eine stärkere Überzeugungskraft und Ihre Hörer werden das Thema/die Entscheidung eher mittragen können.

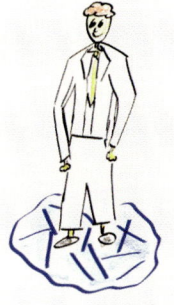

Beispiel 1
Teilweise vorbereitetes
Flipchart und das gleiche
Flipchart, ergänzt im Dialog
mit den Zuhörern

Die unterschiedlichen Vorgehensweisen, ob Sie die Flipcharts

- vorbereiten,
- teilweise vorbereiten (wie in Beispiel 1) oder
- komplett mit Ihren Hörern entwickeln,

finden Sie in Kapitel 4.

2.1.2 Grenzen des Flipcharts

Das Flipchart bietet zwar eine Menge Vorzüge, aber es gibt natürlich auch Situationen, Momente und Aspekte, in denen dieses Medium an seine Grenzen kommt.

Wenn Sie zum Beispiel ein Auditorium haben, das mehr als 25 Hörer umfasst, bietet sich der Overhead-Projektor oder der Beamer an. Mit diesen beiden Medien können Sie ein größeres Bild mit intensiverer Wirkung erscheinen lassen. Bei mehr als 100 Personen besticht der Beamer mit seiner Leuchtkraft.

Gruppengröße

Die Möglichkeiten der interaktiven Kommunikation sind bei einer solchen Gruppe eher beschränkt.

Ihre Zielgruppe und deren Erwartungen bestimmen die Wahl Ihres Mediums mit. Nicht für jede Zielgruppe ist das Flipchart das richtige Medium. Hierbei sind auch interkulturelle Unterschiede zu berücksichtigen. Während im westeuropäischen sowie nord- und südamerikanischem Raum das Flipchart als sehr gängig gilt, können Sie im osteuropäischen oder asiatischen Raum nicht davon ausgehen, dass ein Flipchart immer vorhanden oder gewohnt ist. Später werden wir Ihnen noch ein paar Anhaltspunkte und Gedanken für die Entscheidung geben, welches Medium sich für wen sinnvoll und passend einsetzen lässt (Kapitel 2.2).

Zielgruppe

Ein Flipchart können Sie nicht direkt vervielfachen, sondern nur über den Umweg eines Digitalfotos. Dieses erst lässt sich ausdrucken und kopieren.

Vervielfältigung und Handouts

Dafür, dass ein Flipchart einen erheblichen Erstellungsaufwand erfordern kann, lässt es sich nicht sehr häufig wieder verwenden. Es reißt schnell ein oder ab und es bekommt sehr leicht Eselsohren.

Wiederverwendung

Ein deutlicher Nachteil dieses Mediums ist der aufwändige Transport und die platzgreifende Lagerung (siehe hierzu Kapitel 7.4 bis 7.6).

Transport und Lagerung

2.2 Auf Zielgruppen abstimmen

Ihre Zielgruppe ist nicht nur ein Kriterium für die Auswahl des passenden Mediums, sondern auch für dessen Gestaltung. Jede Ihrer Zielgruppen charakterisiert sich durch besondere Merkmale, spezifische Erwartungen und Anforderungen. Da es eine Vielzahl an unterschiedlichen Gesprächsteilnehmern gibt und Sie Ihre Zuhörer am besten kennen, bieten wir Ihnen einige Überlegungen zur optimalen Abstimmung auf Ihre Zielgruppe an (Beispiel 2).

Beispiel 2
Möglichkeiten für zielgruppenorientierte Schlüsselbilder

Zuerst schlagen wir Ihnen vor, sich gedanklich in Ihre Teilnehmer hineinzuversetzen. Was sind typische

- Werte,
- Schlüsselbilder und Metaphern,
- Beispiele aus der Praxis,
- bekannte Bilder Ihrer Gesprächsteilnehmer

und

- was macht das Tagesgeschäft Ihrer Zielgruppe aus?

2.2.1 Unterschiedliche Berufsbilder – unterschiedliche Ansprüche

Der Beruf Ihrer Zielgruppe bestimmt in hohem Maße deren Werte sowie ihre alltäglichen Erfahrungen und Ziele. Es macht einen großen Unterschied, ob ein Vortragender Betriebswirte, Ingenieure oder Pädagogen vor sich hat. Selbst in der Gruppe der Ingenieure kommen unterschiedliche Fachrichtungen vor, zum Beispiel Maschinenbau, Elektrotechnik, Anlagenbau oder Kraftwerkstechnik.

Um die jeweiligen Gruppen zu erreichen, empfiehlt es sich, praxisorientierte Beispiele aus dem jeweiligen Arbeitsumfeld zu verwenden.

Berücksichtigen Sie zielgruppenspezifische Merkmale:

- Techniker und Ingenieure arbeiten gerne mit Hilfe von Modellen und Grafiken.
- Betriebswirte legen Ihr Hauptaugenmerk oft auf Zahlen und deren Entwicklung.
- Beide Zielgruppen arbeiten gerne mit dem Flipchart, weil sie schnell etwas daran erklären können. Gerade Ingenieure und Betriebswirte gehen begeistert mit, wenn eine Besprechung sich mit Details beschäftigt.
- Studenten diskutieren erfahrungsgemäß gerne, wiegen Vor- und Nachteile ab, machen sich Gedanken über Ursachen und Auswirkungen und hören gerne etwas über wissenschaftliche Untersuchungen.
- Handwerker und zum Beispiel auch ErzieherInnen sind dankbarer für konkret umsetzbare Tipps als für wissenschaftliche Hinweise und mögen auf den Flipcharts auch Konkretes, „Handhabbares", Spielerisches und Buntes.

2.2.2 Anspruch von Führungskräften

Führungskräfte sind in der Regel anders. Sie erwarten oft in kurzer Zeit einen groben Überblick. Details interessieren sie weniger, dafür sind ihre Mitarbeiter verantwortlich. Diese Zielgruppe erwartet häufig die neueste Technik, also Beamer oder Multimedia! Bei zu klärenden Fragen kann es sein, dass Sie als Darstellender das Flipchart hinzuziehen, um Ihre verbalen Ausführungen optisch zu unterstreichen.

Anders sieht es bei Workshops mit Führungskräften aus. Hier ist fast immer das Flipchart das Leitmedium, da Inhalte nicht vorgestellt, sondern gemeinsam erarbeitet werden.

Unabhängig von den Einzelfassetten besteht für alle Zielgruppen der Anspruch

- konkret zu erklären,
- einfach, präzise und zielorientiert darzustellen und
- anspruchsvoll darzubieten.

2.2.3 Vorteil des Geschlechts

Ob es geschlechtsspezifische Unterschiede bezüglich der Rezeption und Nutzbarkeit von Medien gibt oder nicht, darüber gehen die Meinungen weit auseinander. Wir aber meinen: Einige Überlegungen dazu können auf jeden Fall nur nützlich sein.

Männer mögen eher „sachliche" Bilder als „Schnickschnack", sie ziehen geradlinige Bilder und Darstellungen emotionalen vor. Grafiken und Tabellen sind in solchen Fällen genau passend (siehe Beispiel 3).

Frauen mögen hingegen eher Farben, Formen, ruhig auch mal ausgefallene, außergewöhnliche oder emotionale Darstellungen. Frauen assoziieren leichter Bilder, die sich nicht auf den ersten Blick erschließen: Für sie kann ein Thema durchaus mit fachfremden Verknüpfungen beginnen.

Ein Beispiel dazu: Wenn es in Ihrer Darstellung darum geht über Fahrzeugtechnik zu berichten, könnten Sie als Assoziation mit einem Reiseziel (Meer, Strand, Sonne) einsteigen. Unter dem Motto: Wie kommen wir zu diesem Ziel? Männer könnten bei einem solchen Einstieg irritiert reagieren.

„Für uns Akademiker (beiderlei und meistens männlichen Geschlechts), denen uns der Schnabel meistens arg gelehrsam gewachsen (bzw. zurechtgestutzt worden) ist, kann dies [bildhafte Sprache] zur guten Übung werden: Aus den Wolken der Abgehobenheit wieder auf den Boden der (be-)greifbaren Dinge zurückzukehren." (Prof. Dr. Friedemann Schulz von Thun, „Klarkommen mit sich und anderen: Kommunikation und soziale Kompetenz", S. 225).

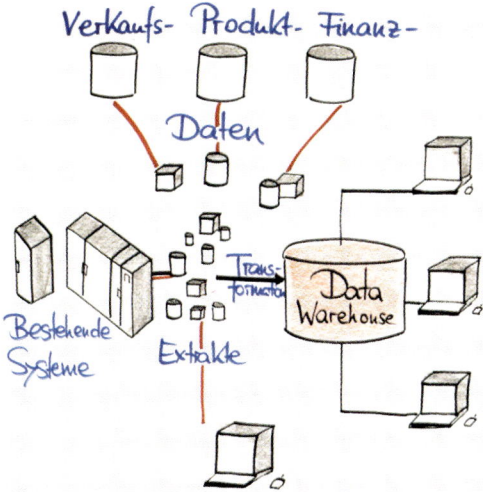

Verkaufs- Produkt- Finanz-
Daten
Trans-
formation
Data Warehouse
Bestehende Systeme
Extrakte

Das Data Warehouse ist eine
Sammlung von Detaildaten zur
Unterstützung effektiver Entscheidungen.

Beispiel 3
Klare Darstellung
betriebswirtschaftlicher
Zusammenhänge

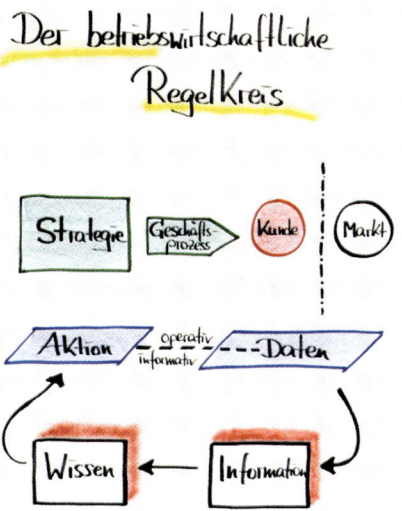

Der betriebswirtschaftliche
RegelKreis

Strategie
Geschäftsprozess
Kunde
Markt

Aktion
operativ
informativ
Daten

Wissen ← Information

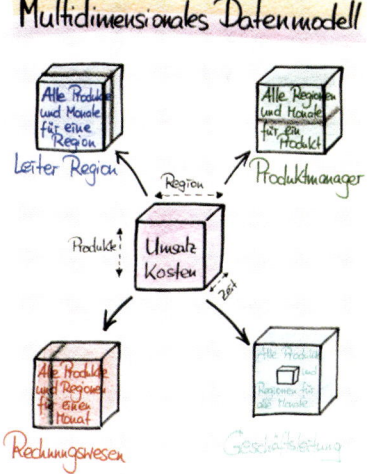

Multidimensionales Datenmodell

Alle Produkte und Monate für eine Region
Leiter Region

Alle Regionen und Monate für ein Produkt
Produktmanager

Region

Produkte
Umsatz Kosten
Zeit

Alle Produkte und Regionen für einen Monat
Rechnungswesen

Alle Produkte und Regionen für alle Monate
Geschäftsleitung

Das multidimensionale Datenmodell
entspricht der Denkweise des Anwenders.

2.2.4 Achtung: Vorurteile

Beim Lesen des vorhergehenden Abschnitts werden Sie vielleicht gedacht haben, dass es sich lediglich um Vorurteile handelt. Warum sollten nicht auch Männer assoziieren können oder emotionale Darstellungen bevorzugen? Oder Führungskräfte mal das ein oder andere Detail vertiefen?

Genau! Sie haben Recht! Und genau aus diesem Grund ist es sehr wichtig sich Zeit zu nehmen, sich in Ihre Zielgruppe hineinzuversetzen und Vorüberlegungen anzustellen wie: Trifft dies auch auf meine Zuhörer zu? Was erwarten sie genau? Was brauchen sie für ihren Arbeitsalltag? Was benötigen sie an Informationen? Und: In welche Darstellungsart können sie sich vermutlich am besten hineinversetzen und welche am besten umsetzen?

Sich der Vorurteile bewusst zu werden und darüber nachzudenken, kann Sie bereits dabei unterstützen, Ihre Visualisierung konkreter auf Ihre Zielgruppe anzupassen.

Unser Tipp: Probieren Sie aus, mal anders zu visualisieren als erwartet wird! Arbeiten Sie mit dem „Verblüffungsindex": Je verblüffter Ihre Gesprächspartner sind, umso mehr denken sie an Ihr Thema! Eine Kombination aus verblüffen und „die Zielgruppe abholen" ist hilfreich.

Da Sie in den meisten Fällen Ihre Zielgruppe nicht hundertprozentig einschätzen können und Sie davon ausgehen müssen eine inhomogene Zuhörergruppe zu haben, befürworten wir, sich nicht nur auf ein Medium und eine Darstellungsrichtung zu verlegen, sondern auch zu variieren. Interessant und abwechslungsreich wird eine Darstellung dann, wenn Sie mehrere Medien unterstützend einsetzen. Und so stellt sich die Frage: Wie harmoniert oder disharmoniert das Flipchart mit anderen Medien?

2.3 Flipchart und andere Medien – Team oder Konkurrenz?

Die in der Überschrift dieses Kapitels gestellte Frage lässt sich schnell beantworten:

Da all die modernen technischen Medien aus der heutigen Gruppenkommunikation kaum noch fortzudenken sind, sehen wir im Flipchart in erster Linie ein Präsentationsmittel mit eigenem Einsatzschwerpunkt, das den technischen Medien jedoch bei vielen

Gelegenheiten als Ergänzung und Bereicherung dienen kann – also: Team statt Konkurrenz (Beispiel 4)!

Wann können Sie jedoch eher das Flipchart verwenden und in welchen Fällen Beamer und Overhead-Projektor vorziehen?

Alleine für sich hat das Flipchart überwiegend im Seminar oder in der Besprechung bzw. bei einem Workshop Bedeutung. In vielen Fällen ist es insofern ein zusätzliches oder ergänzendes Medium.

Ergänzend zu den technischen Medien können Sie das Flipchart als Abwechslung einsetzen, um mit dem Wechsel zwischen verschiedenen Darstellungsformen Bewegung in Ihren Vortrag zu bringen und damit die Aufmerksamkeit aufrechtzuerhalten.

Das Flipchart als Ergänzung

Weiterhin können Agenda und Zeitplan zur Orientierung während der gesamten Beamerpräsentation auf Flipchart visualisiert bleiben.

Auch könnten Sie, während Sie eigentlich per Beamer präsentieren, zur Erhöhung des Verständnisses zwischendurch eine Skizze am Flipchart entwickeln.

Schauen wir uns nun die anderen Medien mit Blick auf ihre Vorteile gegenüber dem Flipchart an.

Beispiel 4
Medien lassen sich im Seminar zielorientiert kombinieren

2.3.1 Pinnwand

Pinnwand und Flipchart ergänzen sich hundertprozentig. An der Pinnwand lassen sich zum Beispiel zusätzlich zu den Charts auf dem Flipchartständer zwei weitere Bilder präsentieren oder Prozessverläufe mit Karten darstellen. An der Pinnwand bleibt das eine Ergebnis dauerhaft visualisiert, während Sie am Flipchart Ihr Thema bereits weiterentwickeln.

Alle zeichnerischen und gestalterischen Elemente, die in diesem Buch dargestellt werden, lassen sich auch auf die deutlich größere Fläche der Pinnwand übertragen.

Das für die Pinnwand Gesagte gilt im Prinzip auch für eine Magnettafel ausreichender Größe.

2.3.2 Overheadprojektor

Der Overheadprojektor wird vielerorts vom Beamer verdrängt. Doch erfüllt er – anders als der Beamer – ebenso wie das Flipchart die Funktion des „spontanen" Mediums, mit dem sich unter Einbeziehung der Teilnehmer Aspekte erarbeiten lassen. Wenn Sie eine leere Folie über Ihre vorbereitete Folie legen, können Sie Details ergänzen, die Ihren Teilnehmern wichtig sind, ohne dass sich Ihr Original verändert. Dieses Original lässt sich später immer wieder verwenden. Der Overheadprojektor gehört, ebenso wie das Flipchart, in fast allen Schulungs- und Besprechungsräumen zum Standardequipment und benötigt somit wenig Vorplanung.

Zum Flipchart kann er gut ergänzend eingesetzt werden, wenn Detailinformationen oder komplexe Sachverhalte vorgestellt werden sollen, die sich schwer spontan auf Papier bringen lassen und daher vorbereitet gehören.

2.3.3 Beamer

Eine Beamer-Präsentation ist heute „up to date" und ermöglicht Effekte und grafische Darstellungen, die mit einem Flipchart so nicht erreichbar sind. Vor allem die Möglichkeit, bewegte Präsentationen zu erschaffen, unterscheidet es von den anderen klassischen Präsentationsmedien. Wenn Sie in kurzer Zeit viele Inhalte vermitteln oder wenn Sie Ihr Auditorium beeindrucken wollen, kann es wirksamer und angemessener sein, per PC zu präsentieren.

Wir betrachten den Beamer jedoch nicht als Lösung für alles und erleben in unserer Praxis immer wieder, was Prof. Dr. Friedemann Schulz von Thun (S. 232) in seinem Buch „Klarkommen mit sich und anderen: Kommunikation und soziale Kompetenz", folgendermaßen beschreibt: „Hochperfekte Powerpoint-Präsentationen beginnen ihren Zauber zu verlieren und ernten erste Reaktionen von Überdrüssigkeit."

Bei Beamer und PC sind Sie auf Strom, passende Lichtverhältnisse und ausreichend große Projektionsfläche angewiesen. In den meisten Fällen werden Sie das auch alles vorfinden. Wenn nicht, könnten Sie auf ein Flipchart umsteigen.

Besonders die Unabhängigkeit von diesen Rahmenbedingungen macht das Flipchart zum flexiblen Medium, welches sich zusätzlich durch seine Unempfindlichkeit gegenüber technischen Pannen auszeichnet.

Gerade dadurch lässt sich mit dem Flipchart auch im Freien arbeiten. Bei Motivationsseminaren, Visions- oder Ziel-Workshops kann dieser Schritt nach draußen genau der richtige sein, um „Ideen zum Laufen" zu bringen oder die Sichtweise zu erweitern.

Der Beamer ist unbestritten der Stärkere im Einsatz bei großen Gruppen ab 25 Personen. Bei solchen Personenzahlen kann das Flipchart lediglich als Begrüßungs- oder Informationstafel am Eingang dienen.

Einen Nachteil des Beamers (und der anderen technischen Medien) stellen für uns Nebengeräusche und Lichtverhältnisse dar. In einem abgedunkelten Raum, in dem die intensivste Lichtquelle das projizierte Bild ist, wenden sich Teilnehmer der Lichtquelle zu, nicht mehr einander und oft auch nicht dem Präsentierenden.

Solange die elektronischen Geräte Nebengeräusche entwickeln, behindern sie jedes Gespräch. Aus diesem Grund empfehlen wir in Veranstaltungen, in denen der zwischenmenschliche Kontakt im Mittelpunkt steht, das Flipchart.

2.3.4 Whiteboard

Ein Whiteboard – die Weiterentwicklung der klassischen Magnettafel – eignet sich ebenso wie das Flipchart zum spontanen Entwickeln und Erarbeiten von Inhalten, hält diese – in seiner klassischen Form – aber später nicht längerfristig sichtbar. Ein interaktives Whiteboard (zum Beispiel das SMART Board von der Firma Smart Technologies oder das ACTIVboard der Firma Promethean) ermöglicht eine Kombination aus rechnergestützter Präsentation und Entwicklung des Visualisierten. Auf ein solches Board wird das „Bild" des Rechners wie auf einen interaktiven Bildschirm mittels eines Beamers projiziert. Je nach Software des Herstellers können Sie auf der Projektionsfläche elektronisch „zeichnen" und „schreiben" und diese Änderungen auch speichern, so dass Sie umgehend eine Dokumentation erstellen können. Das spart Papier und Zeit. Alle PC-Programme können auf diese Weise bedient werden, so dass dies eine interessante Kombination von Technik und zwischenmenschlicher Kommunikation darstellt.

Auch bei einem Whiteboard können Sie Inhalte, vor allem in Flipchartgröße, nicht langfristig visualisieren und die technischen Nachteile, die beim Beamer besprochen wurden, finden sich hier ebenfalls.

3 Auf geht's – die ersten Schritte!

Das weiße Blatt hängt vor Ihnen, die Stifte liegen bereit. Treten Sie einige Schritte zurück und werfen Sie einen Blick auf das leere Blatt vor Ihnen. Verschaffen Sie sich einen Überblick! Falls Sie Flipchartpapier mit Kästchen verwenden, drehen Sie das Blatt so um, dass die Einteilung auf der Rückseite ist, dann werden Ihre Schrift und Ihre Bilder besser zur Geltung kommen. Die Kästchen scheinen noch durch und das kann Ihnen helfen die Proportionen einzuteilen.

3.1 Proportionen einteilen

Wie auch bei einem Gemälde sind bei einem Flipchart gute Proportionen wertvoll. Nutzen Sie das ganze Blatt „symmetrisch" aus, ohne dass Sie am rechten oder unteren Blattrand verengen müssen. Hier ein paar einfache Tipps dazu:

- Überlegen Sie sich im Vorfeld, was auf dem Blatt stehen soll, schreiben oder malen Sie gegebenenfalls vorher ihre Ideen auf einem DIN A4-Blatt auf. Wenn Sie das fertige Flipchart schon vor Ihrem inneren Auge (oder auf dem Blatt) haben, bevor Sie mit dem Schreiben beginnen, dann werden Sie „sehen", wie Sie Buchstaben in einer Zeile oder ein Bild auf dem Blatt verteilen müssen, um den Platz symmetrisch aufzuteilen (siehe auch Kapitel 4.3).

- Projizieren Sie das fertige Bild vor Ihrem inneren Auge auf das große Flipchart, so dass Sie die ganze Fläche nutzen können. Erfassen Sie dabei das ganze Blatt gleichzeitig mit dem „peripheren Blick".

- Bei Text können Sie sowohl horizontal als auch vertikal die Kästchen auszählen und für sich ausrechnen, wie viele Buchstaben wo auf dem Blatt entstehen sollen. Falls ein Flipchart keine Kästchen aufweist, kann ein Blatt mit Linien, hinter das Flipchart gelegt, als Unterstützung dienen.

- Wenn Sie eine gerade Linie zeichnen wollen, lässt sich dies mit einem zweiten Flipchart ganz gut bewältigen.

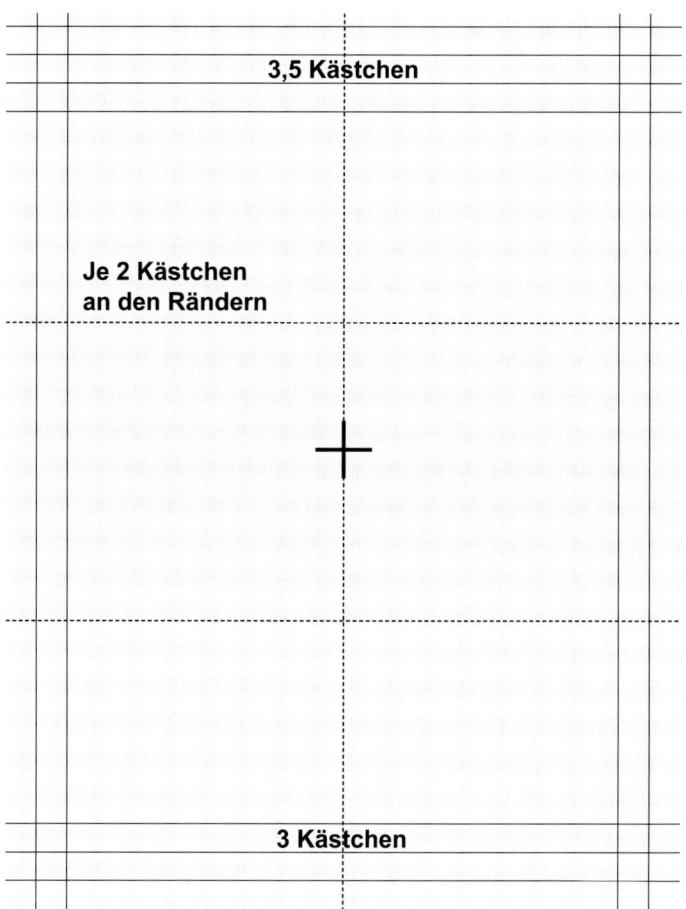

3,5 Kästchen

**Je 2 Kästchen
an den Rändern**

3 Kästchen

Beispiel 5
Typische Blatteinteilung eines Flipcharts mit Rändern, Einteilung
„Oben-Mitte-Unten" und einem Fadenkreuz in der Mitte

- Nutzen Sie das ganze Blatt aus. Es können wenige Informationen sein, die Sie auf dem Flipchart darstellen wollen. Vielleicht nur ein Bild. Lassen Sie diese Informationen oder dieses eine Bild trotzdem das gesamte Blatt ausfüllen, dadurch wird Ihre Botschaft stärker.

Bislang haben Sie vorüberlegt, jetzt geht es ganz konkret daran, Ihr Blatt einzuteilen. Fangen Sie an, mit Bleistift einen Rand zu markieren, den Sie nicht überzeichnen und überschreiben wollen. Wir empfehlen Ihnen eine Blatteinteilung, wie sie in Beispiel 5 dargestellt ist.

Der im dargestellten Chart gezeigte Rand wird Ihnen auch nutzen, wenn Sie die Bilder aufhängen, dann ist trotz eventuell abgedeckter Elemente des Flipcharts alles lesbar. Auch wenn Sie Ihre Flipcharts digital abfotografieren, hilft Ihnen der Rand, die Bilder im Anschluss gut bearbeiten zu können.

Ermitteln Sie anschließend den Mittelpunkt des Flipcharts mit zwei sich kreuzenden Linien. Dabei können die Kästchen, soweit vorhanden, auch helfen. Drittteln Sie das Blatt anschließend noch mit dünnen Bleistiftlinien. Diese werden Ihre Zuhörer aus der Ferne nicht erkennen, aber Ihnen werden Sie helfen, wohlproportionierte Flipcharts zu erstellen. Der Blick Ihrer Zuschauer wird immer zuerst auf die obere Hälfte oder das obere Drittel fallen.

Aus diesem Grund sollte Ihre Kernbotschaft, Ihre Überschrift und/oder Ihre zentrale Aussage in diesem Bereich liegen. Dass sich die Überschrift am oberen Blattrand befindet, kennen Sie vielleicht, aber es ist durchaus auch möglich, die Überschrift in der Blattmitte zu platzieren, wie etwa bei einer Mindmap (Beispiel 6).

Beispiel 6
Die Überschrift kann
auch in der Mitte stehen

Die untere Hälfte des Blattes können Sie mit ergänzenden Informationen, Skizzen, Zeichnungen oder mit Bildern gestalten. Es sollte nichts sein, was sich der Zuhörer unbedingt merken soll.

3.2 Struktur geben

Einem Blatt Struktur zu geben, ist aufwändig, mühevoll und lästig. Aber warum ist gerade das so wichtig? Anhand eines kleinen Beispiels wollen wir Ihnen das verdeutlichen: Wie viele Punkte sehen Sie auf Beispiel 7? Sie haben drei Sekunden Zeit.

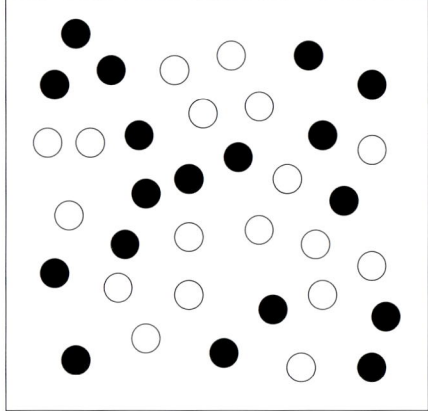

Beispiel 7
Unübersichtlichkeit durch
mangelnde Struktur

Und wie viele Punkte sehen sie auf Beispiel 8? Sie haben wieder drei Sekunden Zeit.

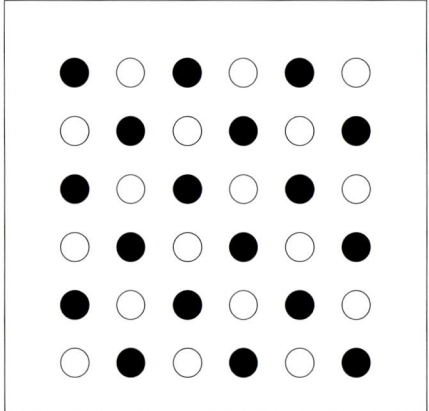

Beispiel 8
Schneller Überblick
durch klare Struktur

Sie sehen, Struktur erleichtert uns, zügig einen Überblick zu bekommen, zu verstehen und uns Sachverhalte schnell und einfach einzuprägen. Drei Gründe genug, um sich die Zeit zu nehmen, Ihrem Blatt Struktur zu verleihen.

Strukturiert darstellen können Sie

- durch das Bilden von Kategorien mit eigenen Unterüberschriften,
- indem Sie Absätze deutlich voneinander trennen,
- indem Sie mit Einrückungen arbeiten und
- indem Sie sich Zeit nehmen.

Sie haben nun unterschiedliche Möglichkeiten, Ihr Bild und Ihr Flipchart zu erstellen. Wenn Sie noch nicht so geübt sind, empfehlen wir Ihnen, es komplett vorzubereiten und so mit in Ihre Präsentation, Ihren Workshop oder in Ihr Seminar zu nehmen.

3.2.1 Ein Flipchart vorbereiten

Zur kompletten Vorbereitung eines Flipcharts gehören die folgenden Elemente:

- Proportionen,
- Überschrift,
- Kernbotschaft,
- ergänzende Informationen,
- Text und
- Bilder.

Jedes einzelne dieser Elemente bereiten Sie vor und gestalten es farblich, damit müssen Sie sich keine Sorgen mehr machen, ggf. Inhalte zu vergessen.

3.2.2 Vorzeichnen – ergänzen – fertig

Wenn Sie schon geübter sind, können Sie sich bei der Vorbereitung darauf beschränken, lediglich Teile auf dem Blatt vorzuzeichnen. Den weiteren Text vervollständigen Sie während der Präsentation. Dabei können gleichzeitig Ergänzungen Ihrer Teilnehmer einfließen.

Vorzeichnen können Sie zum Beispiel

- die Überschrift und ein bis drei Antworten oder
- ein zentrales Bild, dem Sie dann während des Vortrags noch Text hinzufügen (Beispiel 9).

Beispiel 9
Teilweise vorbereitetes und
fertiggestelltes Flipchart

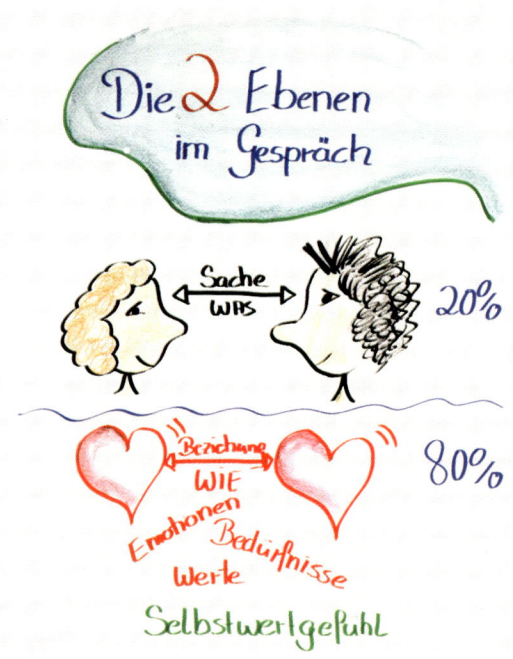

Diese Variante lässt Ihren Vortrag lebendiger werden. Zudem entstehen Sprechpausen, während Sie schreiben, und diese helfen Ihren Zuhörern alles nachzuvollziehen und zu verstehen.

Aber: Dieses Vorgehen benötigt etwas mehr Zeit als die Präsentation fertiger Visualisierungen, und diese will in Ihren Vortrag mit eingeplant sein.

3.2.3 Ein Flipchart entwickeln

Die Profis unter Ihnen entwickeln das eine oder andere Flipchart aus dem Stegreif. Wenn Sie das können, erzeugen Sie damit eine sehr hohe Aufmerksamkeit. Zudem beobachten die Zuhörer, dass Sie die Inhalte ganz speziell für diese Gruppe entwickeln. Das vermittelt Wertschätzung und einen professionellen Eindruck!

Allerdings sollten Sie daran denken, dass Sie mit dieser Vorgehensweise sehr viel Zeit benötigen! Es kann sich auch die Qualität der Flipcharts verringern, da Schrift und Zeichnungen in der Regel vor Publikum unregelmäßiger ausfallen.

Wenn Sie Flipcharts vor dem Publikum entwickeln, sollten Sie die Proportionen des Flipcharts sehr genau kennen und bereits vorher einige Blatteinteilungen vorgenommen haben.

3.2.4 Publikum einbeziehen

Anhand des Beispiels aus einem Kommunikationstraining, bei dem es darum geht, Feedback einzuführen, wollen wir Ihnen verdeutlichen, wie man das Publikum integriert.

Das Flipchart ist leer!

Trainer: Was konkret heißt für Sie „Feedback geben"?

(Die offene Frage ist hier entscheidend.)

Teilnehmer: Feedback soll mit Beispielen gegeben werden.

Jetzt beginnen Sie die Überschrift zu schreiben. Alternativ dazu könnten Sie die Überschrift auch am Ende ergänzen. Denken Sie in diesem Fall daran, genügend Platz am oberen Blattrand zu lassen!

Beispiel 10
Überschrift mit einer
Kernaussage und Platz für
weitere Aussagen in Textform

Nach der Überschrift ergänzen Sie die Aussagen der Teilnehmer.

Trainer: Wie erleben Sie Feedback im Alltag? (Wichtig ist, die Teilnehmer mit sogenannten Impulsfragen zum Nachdenken anzuregen, vor allem zum Nachdenken in die Richtung, in die Sie mit ihnen gehen wollen.)

So sammeln Sie Schritt für Schritt die Vorgehensweise bei einem wertschätzend gegebenen Feedback.

Eventuell ist Ihnen noch wichtig, weitere Aussagen zum Thema „Feedback" am Flipchart festzuhalten, dann können Sie weiter in den Dialog mit Ihrem Publikum treten.

Trainer: Auf was sollte ich besonders achten, wenn ich einem Anderen Feedback gebe?

Teilnehmer: Konkret geben; *ein anderer Teilnehmer:* In Ich-Botschaften sprechen ...

Diese Aussagen können Sie auf Ihrem Blatt gleich noch ergänzen (Beispiel 11). Alternativ können Sie die Aussagen auch als Bilder oder Piktogramme aufnehmen. Statt einer Liste ist aber auch eine völlig andere Gestaltung möglich, wie das zweite Chart in Beispiel 11 zeigt.

Wichtig: Achten Sie darauf, nicht zu viel auf dem Flipchart unterzubringen, sonst wird es unübersichtlich.

Feedback geben

- Konkret
- Ich - Botschaften
- mit Beispielen
- Wahrnehmung mitteilen
- Alternative anbieten
- meine Empfindung mitteilen ⟩ → Gefühl

⟹ immer subjektiv richtig !

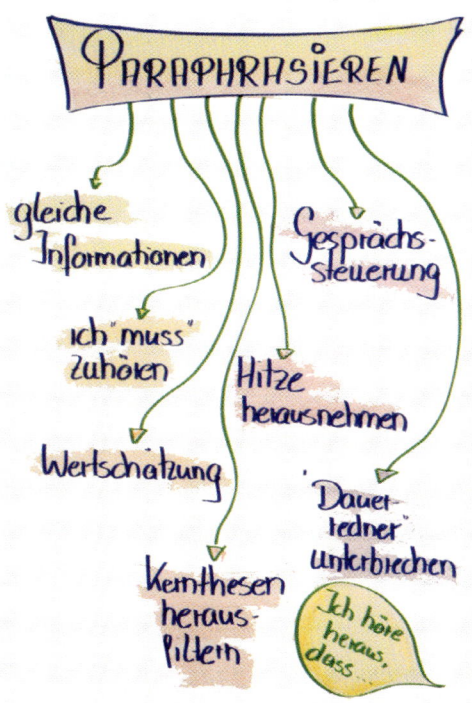

PARAPHRASIEREN

- gleiche Informationen
- ich "muss" zuhören
- Wertschätzung
- Gesprächs- steuerung
- Hitze herausnehmen
- Kernthesen heraus- filtern
- Dauer- redner unterbrechen

Ich höre heraus, dass...

Beispiel 11
Das Flipchart aus Beispiel 10, ergänzt mit weiteren Aussagen und ein auf gleiche Weise erstelltes, aber ganz anders gestaltetes Chart

Tipp: Manchmal kommen von den Teilnehmern sehr viele Anregungen, daher empfehlen wir Ihnen, zwischen die vorbereiteten Flipcharts jeweils ein leeres zu hängen oder sich einen zweiten Flipchartständer parat zu stellen. Dann ist es einfach, alle Beiträge auf dem Flipchart festzuhalten ohne zusammengepresst zu schreiben!

3.2.5 Vier Aspekte des Behaltens

Bei einer Präsentation, einer Besprechung oder auch einer Moderation sollten die Beteiligten möglichst viele Inhalte behalten und verinnerlichen. Sie können aktiv einiges dazu beitragen, um das Behalten bei Ihren Gesprächspartnern zu fördern. Die vier Aspekte des Behaltens unterstützen Sie dabei, sich auf das Wesentliche zu konzentrieren:

Strukturieren Wenn es Ihnen gelingt, Ihr Flipchart wie zuvor beschrieben zu strukturieren, können Sie davon ausgehen, dass es Ihren Zuhörern leichter fällt, sich die Inhalte zu merken!

Aktivieren Bei dem gerade beschriebenen Beispiel zum Thema „Feedback" werden die Zuhörer aktiviert, indem ihnen der Trainer Fragen stellt und sie damit zum Nachdenken anregt. Wenn ein Zuhörer nachdenkt, wird er aktiv und befreit sich aus der passiven Konsumhaltung. Das führt zu erhöhter Aufmerksamkeit und Konzentration und fördert damit das Behalten.

Das Flipchart ist vorzüglich dazu geeignet, Ihre Zuhörer zu aktivieren.

Wiederholen Wir empfehlen Ihnen, Ihre Schlüsselaussagen drei- bis fünfmal verbal und schriftlich zu wiederholen. Wiederholen fördert das Behalten.

Wiederholen Sie zu wenig, werden die Informationen nicht gehört oder nicht erinnert. Wenn Sie jedoch zu häufig wiederholen, erbost das Ihre Zuhörer.

Verknüpfen Sie verknüpfen Inhalte, in dem Sie einen Sachverhalt mit einem anderen verbinden. Beispiel: „Das Firmenergebnis erreichte 2004, im Jahr, in dem George W. Bush als Präsident wiedergewählt wurde, sein Rekordhoch von 5 Milliarden Euro."

Diese Ereignisse können Sie oft sehr gut bildlich darstellen und damit bei Ihren Zuhörern beide Gehirnhälften ansprechen – die rechte Gehirnhälfte, die Bilder erfasst, und die linke Gehirnhälfte, die Zahlen, Daten und Fakten aufnimmt (Beispiel 12). Die rechte Gehirnhälfte verarbeitet Bilder zehntausend mal schneller

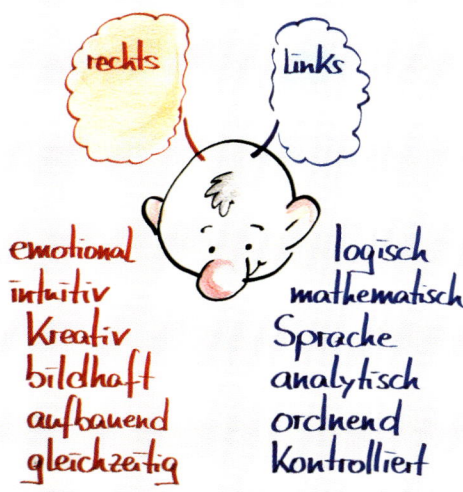

Beispiel 12
Die Fähigkeiten der
beiden Gehirnhälften

als die linke Textinformationen. Genau diese Verknüpfung fördert das Behalten von Informationen.

Es ist nicht immer notwendig, in Ihre Darstellung alle vier Aspekte einzubauen. Wählen Sie jeweils aus, was Ihnen nahe liegt und welcher der Aspekte vorteilhaft zu Ihren Darbietungen passt.

3.3 Ein Blatt – eine Überschrift

Jedes Flipchart hat den Anspruch auf eine Überschrift, wie wir auf einen Namen. Die Überschrift bringt das Thema auf den Punkt. Und mit ihrer Hilfe kann später jederzeit auf einen Blick nachvollzogen werden, um was genau es geht.

Die Überschrift ist größer als der Rest des Textes und optisch hervorgehoben. Eine Überschrift muss nicht immer „über" dem Text, sondern kann sich auch in der Mitte des Blattes befinden (siehe Kapitel 3.1). Wenn Sie Überschriften in einer größeren Schriftart verfassen als die dazugehörigen Inhalte, treten diese visuell in den Vordergrund und heben sich noch stärker ab.

Eine Überschrift sollte mindestens über drei Kästchen, besser noch über vier Kästchen gehen, um deutlich als solche wahrnehmbar zu sein.

Eine Überschrift können Sie gestalten als

- Stichwort,
- Aussagesatz oder
- Fragestellung.

Sie können Überschriften bewusst variieren, um Abwechslung in Ihren Vortrag zu bringen oder diese stringent nach einem Schema gestalten, um dem ganzen Struktur zu geben. Entscheidend ist, knappe, aussagekräftige, das Thema exakt treffende Überschriften zu wählen (zum Beispiel „Farbzauber", „Schriftenwechsel", „Bilderwelt" und „Beispielhaftes" – oder „Mit Farben zaubern", „Wie kann ich mit Farben zaubern?", „Mit Schriften arbeiten", „Mit Bildern untermalen", „Mit Beispielen belegen").

Überschriften können Sie hervorheben

- durch Farben abgesetzt,
- mit Formen betont oder
- mit Schriften akzentuiert, wie zum Beispiel Kapitälchen.

(Siehe dazu auch Kapitel 6, Beispiel 53, Überschriften)

Tipp: Lassen Sie Ihrer Kreativität freien Lauf. Wichtig ist dabei, dass Ihre Überschrift zwar Anziehungspunkt ist, aber nicht alles andere überlagert!

3.4 Lesbar und mit Stil

In jedem Seminar, in jedem Workshop, in jeder Besprechung heißt es: „Schreiben Sie leserlich." Und fast immer hören Sie auch Aussagen wie: „Es tut mir leid, ich habe keine schöne Schrift". Oder: „Ich hoffe, Sie können meine Schrift lesen".

Eine Handschrift ist nicht angeboren, sondern wir eignen sie uns im Laufe unseres Lebens an. Mit hoher Konzentration und Übung gelingt jedem eine gut leserliche Schrift.

Nun: Das Wichtigste beim Schreiben am Flipchart ist, dass Ihre Zuhörer die Schrift *leicht* lesen können. Sobald Ihre Zuhörer sich anstrengen müssen um Ihre Schrift zu entziffern, sind sie momentan statt mit dem eigentlichen Thema mit dem Lesen befasst und können Ihnen nicht mehr konzentriert und aufmerksam zuhören.

Immer wieder hören wir von KollegInnen und TeilnehmerInnen: „Oh, Du schreibst so schön! Das würde ich auch gerne können!" Wir nehmen diese Bemerkungen gerne als Kompliment. Unsere Schrift fällt jedoch nicht vom Himmel. Natürlich haben wir die entsprechende Übung, darüber hinaus ist es uns aber auch wichtig, für unsere Zuhörer und Zuschauer leserlich zu schreiben.

Das heißt: Geduld haben und langsamer schreiben. Das braucht natürlich Zeit! Diese ist allerdings gut investiert und Ihr Auditorium dankt Ihnen in der Regel eine kleine „denkerische Verschnaufpause!"

Auf was sollten Sie beim Schreiben achten?

Dicke der Stifte: Bei Eddings gibt es für unseren Einsatzbereich die Stiftstärken 380, 500, und 800. Die 800er, die dicker sind, empfehlen wir für Überschriften, mit den dünneren können Sie gut den übrigen Text schreiben. **Stiftdicke**

Die Spitzen der Stifte sind unterschiedlich gestaltet: Es gibt runde und abgeschrägte Spitzen. Von Edding finden Sie neben der Stärke 380 – runde Spitze – auch 383 mit abgeschrägter Spitze (Keilspitze). Die runde Spitze erlaubt (nur) einen gleichmäßigen Strich, während Sie mit der abgeschrägten Spitze stärker variieren können. Sie können hiermit je nach Stifthaltung (siehe unten) sowohl schmal als auch breit schreiben. Neuland bietet Moderationsmarker mit austauschbarer Spitze an, besser für Umwelt und Geldbeutel. **Form der Spitze**

Sie können die Spitze des Stiftes unterschiedlich halten: entweder so, dass die Spitze auf die „Zwei" der Uhr zeigt, auf die „Acht" oder auf die „Zehn". In unserem Beispiel-Chart (Beispiel 13) sehen Sie die unterschiedliche Wirkung. Alle drei sind machbar, aus unserer Sicht ist das eine Geschmacksfrage. **Stifthaltung**

Meistens wird in der Literatur empfohlen, in Druckschrift zu schreiben und Groß- und Kleinbuchstaben zu verwenden. Im Großen und Ganzen können wir das unterstützen und verwenden selber auch nur Druckschrift. Aber auch „Schreibschrift" kann sehr leserlich sein (siehe dazu auch Beispiel 122). **Schriftart**

Die Schriftgröße kann über zwei bis drei Kästchen gehen, bei einer Überschrift bis zu vier Kästchen. **Schriftgröße**

Beispiel 13
Nicht die Art der Schrift
ist wichtig, sondern
ihre Lesbarkeit

Kapitälchen   Sie können auch in Kapitälchen schreiben, das bedeutet nur in Großbuchstaben und der erste ist etwas größer als der Rest der Buchstaben (Beispiel 13). Dies empfiehlt sich zum Beispiel bei Überschriften.

Schriftfarben   Am besten schreiben Sie mit dunklen Farben wie Blau und Schwarz, damit entsteht ein größerer Kontrast. Farben wie Rot oder Grün sind wunderbar um zu unterstreichen, hervorzuheben oder zu kennzeichnen. Mehr zur Wirkung von Farben finden Sie in Kapitel 5.1.

Erstellen Sie ein Übungschart, auf dem Sie *nur Ihre Schrift* üben. Die Größe, die Neigung, Groß- und Kleinbuchstaben usw. Sie werden merken, wie Sie mit jedem Wort sicherer werden und mit Ihrer Schrift mehr und mehr Wirkung erzielen. So werden Sie über die Zeit Ihren ganz persönlichen Stil entwickeln und Sie verleihen damit Ihren Flipcharts Ihre persönliche Note.

3.5 Vier Merkmale der Verständlichkeit

Nachdem Sie Ihr Flipchart proportioniert, strukturiert und beschriftet haben, geht es nun daran, es inhaltlich mit lebendigen Worten zu füllen. Natürlich spielen die Worte nicht nur bei Ihrem

4 Merkmale der Verständlichkeit

Einfachheit | Struktur

Kürze & Prägnanz | Verlebendigung

(nach Tausch und Tausch)

Beispiel 14
Die vier Merkmale
der Verständlichkeit

Vortrag eine Rolle, sie haben auch Auswirkungen auf die Beschriftung Ihres Flipcharts.

Um eine Darstellung klar und nachvollziehbar zu gestalten, gibt es die in Beispiel 14 visualisierten vier Merkmale der Verständlichkeit (nach Tausch & Tausch und Prof. Dr. Friedemann Schulz von Thun). Wir wollen diese im Folgenden auf die Visualisierung an einem Flipchart anwenden.

Struktur dient nicht nur dazu, dass sich Ihre Zuhörer die Informationen gut merken können, die Bedeutung der Struktur ist viel grundlegender: Informationen werden überhaupt erst verständlich, wenn sie strukturiert dargestellt sind. In Kapitel 3.2 haben wir das Thema Struktur bereits ausführlicher behandelt.

Struktur

Die Aussagen, die Sie auf Ihr Flipchart schreiben, sollten sehr einfach gestaltet sein. Das bedeutet: keine Fremdworte, keine Abkürzungen! Oder wenn schon Abkürzungen verwendet werden, dann muss deren Bedeutung unbedingt mehr als einmal erwähnt werden.

Einfachheit

Winston Churchill schrieb einmal an einen guten Freund: „Entschuldige bitte, dass ich Dir einen langen Brief schreibe, für einen

Kürze und Prägnanz

kurzen hatte ich keine Zeit!" Daran merken Sie schon, wie schwer es ist, sich kurz zu fassen. Kürze und Prägnanz bezieht sich sowohl auf die Formulierung und die Länge der Sätze, als auch auf die Ausführungen insgesamt.

Ein Flipchart ist endlich. Deshalb gilt: Schreiben Sie auf das Flipchart nur Stichworte, die selbsterklärend sind. Am besten sind Substantive in Verbindung mit Verben, zum Beispiel „Pause machen", „Besprechungen strukturieren", „Projekte steuern", „Telefonkonferenzen organisieren" ...

Verlebendigung Verlebendigung ist aus unserer Sicht das schwierigste Merkmal der Verständlichkeit. Es verlangt, dass Sie besonders darauf Wert legen, Ihre Darstellung abwechslungsreich und lebendig zu gestalten.

Für Ihre Arbeit mit dem Flipchart bedeutet das, dass Sie im Vortrag und auf dem Chart mit

- Bildern,
- Farben,
- Formen,
- Worten,
- Anekdoten,
- Vergleichen oder
- Aufzählungen

arbeiten. Je gekonnter Sie diese Elemente einsetzen, umso mehr Lebendigkeit erreichen Sie.

Wie Sie das in Ihrer Visualisierung genau umsetzen können, finden Sie in den Kapiteln 4 und 5.

3.6 Weniger ist mehr

Dieser bekannte Satz gilt auch beim Flipchart. Fünf bis neun Informationseinheiten (Worte, kurze Sätze, Gliederungspunkte, Bildelemente) auf einem Chart können vom Zuhörer noch gut aufgenommen und verarbeitet werden.

Wenn jede dieser maximal neun Einheiten deutlich strukturiert hervorgehoben ist bzw. wird, können diese Punkte – in Grenzen – noch durch einige Unterpunkte ergänzt werden.

Beispiel:

Wenn die Anzahl der Überschriften bei sieben liegt und jede davon bis zu drei knapp formulierte Punkte beinhaltet, haben wir

ÜBERSCHRIFT

1. Unterüberschrift
   → Punkt
   → Punkt
2. Unterüberschrift
   → Punkt
   → Punkt
   → Punkt
3. Unterüberschrift
   → Punkt
   → Punkt
   → Punkt
4. Unterüberschrift
   → Punkt
   → Punkt
5. Unterüberschrift
   → Punkt
   → Punkt
6. Unterüberschrift
   → Punkt
   → Punkt
   → Punkt
7. Unterüberschrift
   → Punkt
   → Punkt

Beispiel 15 Struktur eines Flipcharts mit maximaler Informationsdichte

eine Gesamtinformationsmenge von maximal 28 (Überschrift plus 3 Unterpunkte). Das kann in Ordnung sein, wenn Sie die Struktur optisch deutlich hervorheben, damit insgesamt die Übersichtlichkeit erhalten bleibt (Beispiel 15).

Mehr als diese 28 Informationen auf einem Flipchart werden gestalterisch kaum möglich und für Ihre Zuhörer wahrscheinlich auf einen Blick nicht nachvollziehbar sein. Noch besser ist, wenn Sie sich auf die maximal sieben Überschriften beschränken und gegebenenfalls für die Details ein zweites Blatt beschreiben.

Je stärker Sie die Informationen bündeln und reduzieren, umso einprägsamer wird das, was Sie vermitteln möchten. Wenn es Ihnen gelingt, komplexe Informationen grafisch mit Symbolen, Bildern oder Gleichnissen darzustellen, dann können Sie Ihre Zuhörer damit fesseln. Gleichzeitig können die Informationen leicht und schnell verarbeitet werden. Beispiel 16 zeigt eine Dar-

Beispiel 16
Ein Beispiel für grafisch hoch
verdichtete Information

stellung, in der es um die Rolle von Hierarchien geht und wie sich in der Kommunikation damit spielen lässt.

Um die Welt der Bilder geht es ausführlicher im nächsten Kapitel.

4 Bilder erschaffen

Wenn Sie alles berücksichtigen, was Sie bis hier gelesen haben, dann können Sie ein Flipchart bereits korrekt, wohl proportioniert und mit professioneller Schrift erstellen.

Der nächste Schritt ist, Bilder mit einfließen zu lassen bzw. Inhalte durch Bilder zu ersetzen. Ein Bild kann komplexe Inhalte auf das Wesentliche reduzieren und sich dadurch auf einen Blick einprägen.

Oft erleben wir die folgende Situation:

Als Spezialist in dem, was Sie vorstellen, verfügen Sie über eine Menge Detailwissen. Leider verstellt häufig gerade die große Menge an Detailwissen den Überblick, den Blick auf das Wesentliche. Und so sehen wir Experten „den Wald vor lauter Bäumen nicht mehr" und überhäufen unsere Zuhörer mit Details.

In einem solchen Fall müssen Sie als Fachmann Vorarbeit zur Wissensaufbereitung leisten: Weg vom differenzierten Detailwissen hin zum interessanten Überblickswissen. Nehmen Sie sich die Zeit, sich bewusst zu machen, was die Kernbotschaften sind, die Sie vermitteln wollen. Um eine Kernbotschaft zu identifizieren, überlegen Sie, was Sie sagen würden, wenn Sie nur fünf bis zehn Sekunden Zeit hätten.

Reduzieren Sie die Fülle Ihres Wissens auf das Wesentliche – und verpacken Sie dieses Wesentliche ansprechend in Bildern.

Wir arbeiten mit Bildern gehirngerecht, verständlich und lockern obendrein die Stimmung auf.

Aus diesen Gründen stellen wir Inhalte, die wir mitteilen wollen, wann immer möglich in Bildern dar – bringen Kernaussagen auf den Punkt oder illustrieren Schlüsselaspekte.

In diesem Kapitel erfahren Sie, wie Sie das für Ihr Thema passende Bild (er-)finden und wie Sie es dann auf Papier Realität werden lassen, ganz gleich, ob Sie Künstler sind oder zwei linke Hände haben.

4.1 Gehirnakrobatik: So setzen Sie Lerninhalte in Bilder um

Wie kann man Ihre Kernbotschaften in prägnanten, vielleicht amüsanten und eindringlichen Bildern darstellen?

Wenn man nicht gewohnt ist, die rechte, bildhaft denkende Gehirnhälfte aktiv einzusetzen, kann es anfangs schwierig sein, Bilder zu kreieren oder komplexe Inhalte in deutliche und einprägsame Bilder umzusetzen. Je stärker Sie jedoch Ihre rechte Gehirnhälfte nutzen und in Bildern denken, umso leichter wird es Ihnen fallen. Prof. Dr. Friedemann Schulz von Thun sagt dazu in seinem Buch „Klarkommen mit sich selbst und anderen: Kommunikation und soziale Kompetenz" (S. 226): „Die Sprache ist voller Bilder und wir müssen nur lauschen."

Durch Ihre bildhaften Darstellungen sprechen Sie auch die rechte Gehirnhälfte Ihrer Zuhörer an, die dadurch leichter verstehen und die Informationen besser erinnern.

In Beispiel 17 sehen Sie, wie komplexe Inhalte in einem Bild dargestellt werden. Die Bilder selber sprechen schon für sich, erzeugen ein erstes Verständnis und die Erklärungen des Vortragenden fallen auf vorbereiteten Boden.

4.1.1 Die Absicht formulieren

Ganz am Anfang steht die Absicht: „Ich will dieses Thema in einem Bild erfassen."

Wenn Sie sich etwas Zeit für das Nachdenken darüber genommen haben, ob Sie ein Thema in einem Bild erfassen wollen und dann diese Absicht auch gefasst haben, ist die eigentliche Hürde zur Umsetzung schon überwunden. Denn selten liegt das eigentliche Problem darin, ein Thema in ein Bild umzusetzen. Es liegt vielmehr darin, gar nicht erst darüber nachzudenken, es zu tun.

4.1.2 Worte durch Bilder ersetzen

Der wohl einfachste, aber ein dennoch wirkungsvoller Weg ist es, Worte durch Bilder zu ersetzen: Auf einer Agenda das Wort „Kaffeepause" durch eine Tasse zu ersetzen, anstelle des Wortes „Feierabend" je nach Kontext ein Bierglas oder ein wegfahrendes Fahrzeug zu zeichnen, für das Wort „Fragen" Fragezeichen bunt

Beispiel 17
Auf diesen Charts wird stärker
mit Bildern als mit Text gearbeitet.
Die Kernaussage erschließt sich aus
der bildhaften Darstellung, die Worte
dienen nur der Ergänzung.

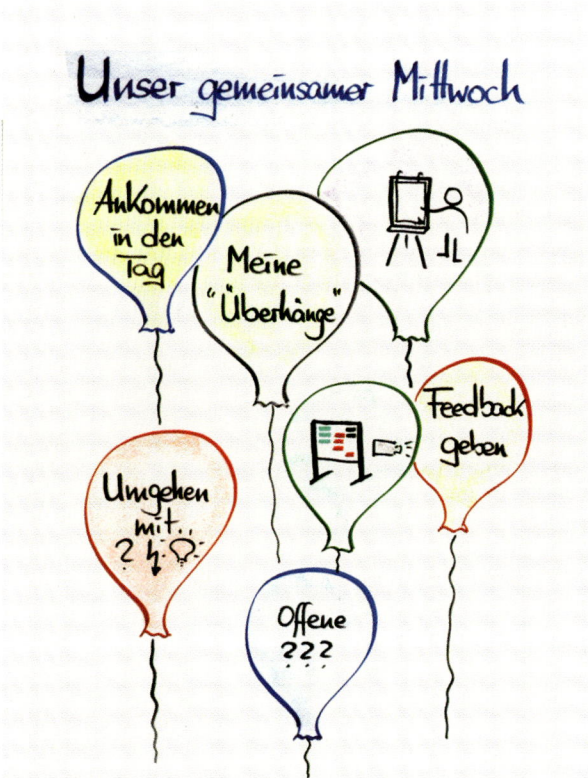

Unser gemeinsamer Mittwoch

AnKommen in den Tag

Meine „Überhänge"

Umgehen mit..? ⚡💡

Offene ???

Feedback geben

Beispiel 18
Einfache Sachverhalte
können auf einen Blick
erfasst werden

hüpfend aufzumalen oder an Stelle des Wortes „Agenda" einen roten Faden zu wählen, sind kleine Beispiele dafür. Im Beispiel 18 sehen Sie dieses Prinzip in einer Tagesübersicht angewandt. Musterbilder dafür finden Sie in der Symbolgalerie in Kapitel 9.

4.1.3 Wachsen lassen

Wenn es um komplexere Dinge geht, sollten Sie sich zuerst die zentralen Ideen Ihrer Veranstaltung oder Ihrer Arbeits- oder Informationseinheit im Rahmen der Veranstaltung bewusst machen und sich und Ihr Unbewusstes fragen, wie man diese als Bild darstellen könnte. Sollten Sie anfangs gähnende Leere in Ihrem Ideenspeicher vorfinden, dann gilt das Prinzip des „Wachsen-Lassens":

Geben Sie sich und Ihrem Unbewussten Zeit, Ihre Kreativität anzuzapfen. Reichen Sie eine Frage oder ein Problem an Ihr

Gehirn und warten Sie ab. Nach einer Weile werden Ihnen Lösungen und Ideen einfallen.

Um diesen hochkreativen Reifungsprozess optimal nutzen zu können, lohnt es sich frühzeitig anzufangen. Denn wir erleben häufig, dass wir auf eine zündende Idee kommen, wenn wir uns Stunden später in einem ganz anderen Kontext befinden: Ein Satz, den man abends in der Kneipe hört, ein Gegenstand, den man beim Shopping sieht, ein Musikstück im Autoradio oder eine Wolkenformation, die man beim Rückenschwimmen beobachtet, können urplötzlich eine gute Idee zum Problem vom Vormittag auslösen.

4.1.4 Atmosphäre schaffen

Stimmen Sie sich innerlich und äußerlich ein. Möglicherweise brauchen Sie zur Unterstützung eine kreative Atmosphäre. Diese schaffen Sie zum Beispiel, indem Sie es sich so richtig angenehm machen! Das könnte bedeuten:

- Materialien griffbereit legen,
- inspirierende Musik in der richtigen Lautstärke im Hintergrund laufen lassen oder
- eine Kanne Tee bereitstellen.
- Vielleicht ist für Sie auch ein Spaziergang in der Natur hilfreich, um entspannt zu Ihrer Kreativität zu kommen.

Oder Sic machen, was auch immer Ihnen gut tut, um in einen kreativen, schöpferischen, spielerischen Zustand zu kommen. Mit etwas Übung können Sie sich auch im Büro, im Flieger, im Besprechungsraum in diesen kreativen Zustand versetzen.

Mindestens genau so wichtig wie die Atmosphäre sind die Methoden, mit Hilfe derer Sie kreativ werden können. Wir empfehlen Ihnen z. B. mit Mindmapping zu arbeiten. Diese Methode stellt nicht nur ein gehirngerechtes Arbeiten dar, indem beide Gehirnhälften angeregt werden, sondern hilft Ihnen gleichzeitig strukturiert zu arbeiten. So könnten Sie in die Mitte auf ein Blatt Papier Ihre Fragestellung schreiben: „Welche Bilder unterstützen mein Thema XY?" Auf den Seitenästen sammeln Sie Ihre Ideen und können diese über weitere Unterteilungen noch verfeinern (siehe dazu auch Beispiel 6).

4.1.5 Bildzeitungs-Prinzip

Wie würde Ihre zentrale Botschaft in der Bildzeitung in einer Schlagzeile zusammengefasst?

„Bild"-Redakteure verfügen über die Kompetenz, komplexe Inhalte einfach und magnetisch anziehend auf den Punkt zu bringen. Nutzen Sie diese Fähigkeit auch für sich. Selbst wenn Sie meinen, für Ihren Kontext sei das vielleicht nicht sachlich genug, so haben Sie doch auf jeden Fall das Interesse und die Aufmerksamkeit Ihrer Zuhörer.

Lucas Derks bringt auf seinem Chart „Neutralizing Hate" eine anspruchsvolle psychologische Intervention absurd überzogen und einprägsam auf den Punkt (Beispiel 19). Auch kleinere Aspekte wie der Start in den Tag oder die Einleitung zu einem konfliktträchtigen Besprechungsthema können mit derartigen Bildelementen gewürzt werden.

Beispiel 19
Emotional aufgeladene einfache Darstellung eines anspruchsvollen Sachverhalts

4.1.6 Comics als Anregung

Wir holen uns gerne Anregungen aus Comics. Viele Comics kommen ansprechend und humorvoll mit wenig Worten zum Wesentlichen. Es gibt Comics über Sigmund Freud und seine Psychoanalyse, über Karl Marx und „Das Kapital" oder über die Relativitätstheorie – fast jedes trockene und schwierige Thema lässt sich also mit einiger Phantasie in Form eines Comics präsentieren. Sehen Sie hierzu die Beispiele 13, 56 und 57.

Wie würde also Ihr Sachverhalt in einem Comic aussehen? Wie könnte man ihn so einfach und lustig darstellen, dass es auch Kinder verstehen? Der Profi versteht, Schwieriges auf das Wesentliche zu reduzieren.

4.1.7 Idole suchen

Vielleicht suchen oder schaffen Sie sich sogar eine Comic-Figur, die Ihnen sympathisch ist, und machen diese zum „Helden" Ihrer Flipcharts! Mit dieser Figur können Sie Ihren eigenen Stil entwickeln und Vorlagen für vielfältige Situationen und Emotionen schaffen. Sie müssten sich nicht fortwährend Neues ausdenken und bekommen bezüglich dieser Figur viel Übung.

Dieser Held kann Sie langfristig begleiten, so dass Sie, auch wenn Sie sonst nicht zeichnen können, Geschick entwickeln, ihn in ein paar Strichen auf Papier zu bringen.

4.1.8 Metaphern verwenden

Metaphern sind Darstellungen, die Weisheiten oder Lehren bildlich darstellen. Viele Kulturen quer durch die Historie verwenden Märchen und Sagen, eine besondere Form der Metapher. Fragen Sie sich: „Mit welcher Metapher kann ich ausdrücken, was ich im Kern darstellen will?"

Wir verwenden zum Beispiel regelmäßig die folgenden Metaphern:

- Ein Segelboot für das Erreichen eines Ziels;
- in der Teamarbeit verwenden wir bei Nähe-Distanz-Themen eine Geschichte über frierende Stachelschweine, die sich sehr gut zeichnerisch darstellen lässt (Lasko S.151).

Beispiel 20
Metaphern für das Erreichen
eines Ziels und für die Elemente
gewaltfreier Kommunikation

- Der Entwickler der gewaltfreien Kommunikation, Marshall B. Rosenberg, hat für zwei verschiedene Kommunikationsstile die Metaphern der Giraffensprache und der Wolfssprache entwickelt. Damit fasst er zwei komplexe Bereiche in anschauliche und einprägsame Bilder und nimmt uns so die Arbeit des „Bilder er-schaffens" freundlicherweise ab. Zudem greift er damit, wie viele Märchen auch, auf die Tierwelt zurück um Metaphern zu finden.

Beispiel 20 zeigt Charts, in denen zwei der genannten Beispiele verwendet werden.

4.1.9 KaWa©

Eine andere Möglichkeit zum Umsetzen von Lerninhalten bietet Vera Birkenbihls KaWa© (Kreative Analoggraffiti mit Wort Assoziationen): Schreiben Sie das Thema, um das es geht, in großen Lettern in die Mitte des Blattes. Für jeden der Buchstaben dieses Wortes schreiben Sie nun eine Assoziation auf, die mit eben diesem Buchstaben beginnt und die zum Kern des Themas gehört oder einen Aspekt anspricht, den Sie im Folgenden darstellen oder bearbeiten werden. Wollen Sie zum Beispiel mit Ihrem Team den nächsten Messeauftritt planen, könnte das so aussehen:

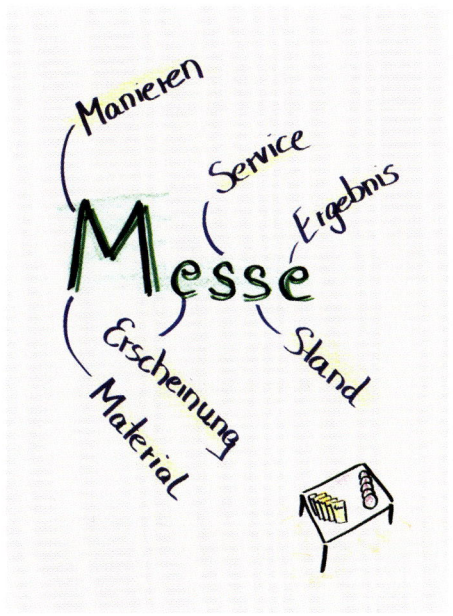

Beispiel 21
Vera Birkenbihls Methode KaWa©
(Kreative Analoggraffiti mit Wort
Assoziationen) als Grundlage
für eine schnell gefertigte
Themenübersicht

- „Messe" oder „Manieren" für das „M",
- „Erscheinung" für das „E",
- „Service" und „Stand" für die beiden „S" und letztlich
- „Erlebnis" für den letzten Buchstaben „E".

Noch schnell eine kleine Standskizze dazu und schon haben Sie ein passendes Chart (Beispiel 21).

4.1.10 Pareto – Perfektionismus adé

Sie kennen bestimmt die 20:80-Regel von Vilfredo Pareto, die besagt, dass wir in 20 Prozent der Zeit 80 Prozent des Ergebnisses erzielen und für die restlichen 20 Prozent Erfolg 80 Prozent der Zeit aufwenden.

Flipcharts zu zeichnen kann ein „hungriger Zeitfresser" sein, dessen Futter man streng rationieren muss. Wenn Sie nicht als hauptberuflicher Flipchartzeichner Ihr Geld verdienen, belassen Sie es doch bei den 80 Prozent Wirkung und schicken Sie Ihren Perfektionismus in den Feierabend!

Prof. Dr. Friedemann Schulz von Thun bringt es in seinem Buch „Klarkommen mit sich selbst und anderen: Kommunikation und soziale Kompetenz" (S. 224) folgendermaßen auf den Punkt: „Leider ist unsere Sozialisation oft so verlaufen, dass unsere Perfektionsansprüche uns als lähmende Quälgeister gegenübertreten. Und so bringen wir es fertig, das Gute zu unterlassen, weil uns das Beste nicht gelingt." Eine Idee kann erst dann ausreifen und besser werden, wenn der erste (nicht-perfekte) Schritt getan wurde. Der zweite Schritt kann immer erst nach dem ersten kommen. Also fangen Sie mit dem ersten einfach an und experimentieren Sie – mit Gelassenheit.

4.2 Viele Wege führen zum Bild

... und selber zu zeichnen, ist nur einer davon. Wie sie mit wenig Aufwand selber zeichnen, erfahren Sie im Abschnitt 4.3. Hier schauen wir uns zuerst einmal an, welche Wege es sonst noch gibt.

4.2.1 Fotos

Sie können Fotos und Bilder verwenden, wo auch immer Sie sie finden. Hier einige Beispiele:

- Eigene Bilder aus Urlaub oder Hobby sind individuell, persönlich und einmalig.
- Bilder aus Zeitschriften und Fachzeitungen können aktuelle Daten liefern.
- Aus Büchern können Sie zu beliebigen Themen Abbildungen entnehmen. Sie können Sie schwarzweiß oder in Farbe kopieren und so vergrößern, dass Sie optimal zu den Proportionen Ihres Flipcharts passen.
- Postershops bieten günstige Poster in gruppentauglicher Größe, die sich zur Unterstützung vieler Themen eignen und die häufig farblich sehr attraktiv und erfrischend sind.
- Kalender des laufenden Jahres mit wunderbarer Farbqualität gibt es ab Januar für den halben Preis. Hier finden Sie neben schönen Landschaftsaufnahmen, die als Begrüßung am Morgen dienen können, auch durchaus Motive aus Technik, Küche, Flora und Fauna, Mystik und Astrologie.

Derartige Bilder überleben leider ein Aufrollen des Flipcharts in der Regel nicht. Befestigen Sie sie nur mit ablösbarem Kleber, damit sie sich wieder verwenden lassen!

4.2.2 Zeichnen lassen

Viele Menschen können gut zeichnen, ohne dass sie damit ihren Lebensunterhalt verdienen müssen oder wollen. Vielleicht finden Sie einen solchen Menschen in Ihrem Freundes- oder Bekanntenkreis, der Ihnen gerne ein paar Szenen zu Ihrem Thema skizziert, die Sie in Zukunft als Vorlage verwenden können (wie Anita Flöter und Simone Wendland für uns).

4.2.3 Laminate

Sie können ansprechende, große Visualisierungen entwerfen, die Sie schon vor Beginn Ihrer Veranstaltung an den Wänden aufhängen. Solche Poster unterstützen das periphere Lernen und bieten auch einen Sicherheitsanker, wenn Ihre Teilnehmer sich noch nicht kennen. Solche Poster erstellen Sie nach den gleichen Mustern wie Ihre Flipcharts:

Beispiel 22 Aufwändige Charts, die laminiert wurden um sie langfristig verfügbar zu halten

- Erstellen Sie eine Vorlage am PC und drucken Sie diese in Schwarz-weiß aus.
- Kopieren Sie den Ausdruck auf eine beliebige Postergröße.
- Diese akkurate Vorlage können Sie nun durch alle Farbvarianten zum Leben erwecken und anschließend laminieren.

Beispiel 22 zeigt zwei solche Poster: ein Begrüßungschart mit dem Thema des Seminars und ein inhaltliches Flipchart zum Thema Feedback.

4.2.4 Collagen

Sie können auch selber noch mehr Hand anlegen und eine Collage mit allen Mitteln der Kunst erstellen: aus dem PC ausdrucken, aus verschiedenen Medien ausschneiden, unterschiedliche Materialien verwenden, kleben, malen, individuell zusammenstellen – bis Sie das gewünschte Ergebnis haben.

Anschließend können Sie diese Visualisierung laminieren, so dass sie Ihnen lange Freude bereiten und bei Ihren Teilnehmern Begeisterung auslösen kann.

4.3 Punkt, Punkt, Komma, Strich –
fertig ist das Mondgesicht

Wenn Sie nun Ihr Bild gefunden haben, besteht möglicherweise noch eine zweite Hürde, nämlich die Frage: „Wie bekomme ich das Bild zu Papier?" Hier einige einfache Wege, Formen auf Papier zu bringen, und außerdem verschiedene Tricks, bei denen Sie nicht selber zeichnen können müssen.

4.3.1 Schritt für Schritt nach dem EASI-Prinzip

Viele Moderatoren denken, Zeichnen beginnt mit dem ersten Strich, und fangen einfach an. Nein! Der erste Schritt beim Zeichnen beginnt weit vorher (Beispiel 23):

E   Erst schauen

A   Analysieren der Grundform

S   Symmetrie und Proportionen feststellen

I   Im Groben: das Ganze skizzieren, dann ins Detail

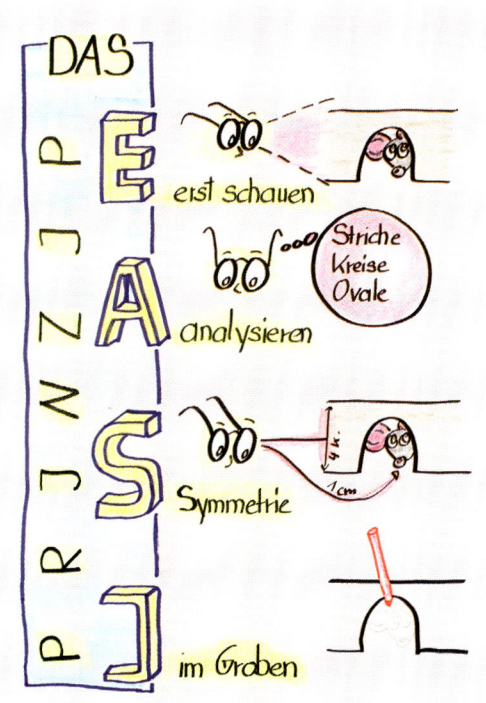

Beispiel 23
Das EASI-Prinzip

Schauen Sie sich den zu zeichnenden Gegenstand genau an, nehmen Sie ihn mit seinen Formen, Längen und Proportionen genau wahr!

Jede Figur, wie kompliziert sie auch ist, lässt sich in die einfachen Grundformen von Kreisen, Ellipsen oder Ovalen, Quadraten, Rechtecken, Trapezen oder Dreiecken aufsplitten.

Analysieren Sie: Wodurch wird die Form zu dem, was sie ist? Schlüsseln Sie auf: Aus welchen einfachen Grundformen setzt sich das vielleicht komplexe Objekt zusammen?

Im Beispiel 24 sehen Sie, wie wir eine Sonne in ihre Grundformen zerlegen, um sie so einfach nachzeichnen zu können. Können Sie diese einfachen Formen malen? Wenn nicht, dann greifen Sie zu Schablonen aus Pappe und nutzen Sie diese als Zeichenhilfe. Dieses Arbeiten mit einfachen Strichen und der Zuhilfenahme von Schablonen kann Grundlage jedes Zeichnens sein. Eigentlich „easy", oder?

Beispiel 24 Komposition einer komplexen Figur aus Grundformen

In welchem Längen- und Größenverhältnis stehen die einzelnen Elemente zueinander?

S – Symmetrie

Damit Ihr Kunstwerk später auch symmetrisch wirkt und die Proportionen stimmen, kann es von Nutzen sein, mathematisch zu überlegen:

- Wie breit und wie lang ist der Gegenstand?
- Wie lang sind bei Personen oder Tieren die Beine im Verhältnis zur Gesamtlänge?
- Wie groß ist der Kopf im Verhältnis zu den Beinen?
- Wie ist der Durchmesser des Kreises, der später den Kopf darstellen soll, im Verhältnis zum Kreis, der einen Hut ergeben wird?

Gerade bei der Symmetrie können Hilfslinien auf dem Papier Sie sehr unterstützen: Nutzen Sie die vorhandenen Karos, zeichnen Sie sich Hilfslinien mit Bleistift auf das Blatt oder stellen Sie sich imaginäre Linien vor, mit denen Sie das Blatt unterteilen, um sich daran zu orientieren.

In Beispiel 25 wurde zuerst die Schrift auf das Papier gebracht, um anschließend die Formen um diese herum zeichnen zu können. Der Ballon mit der Schrift scheint im Vordergrund zu stehen. Dieser Eindruck wurde erzeugt, indem wir ihn größer gemacht haben als die anderen. Abschließend wurde die Kolorierung aufgetragen.

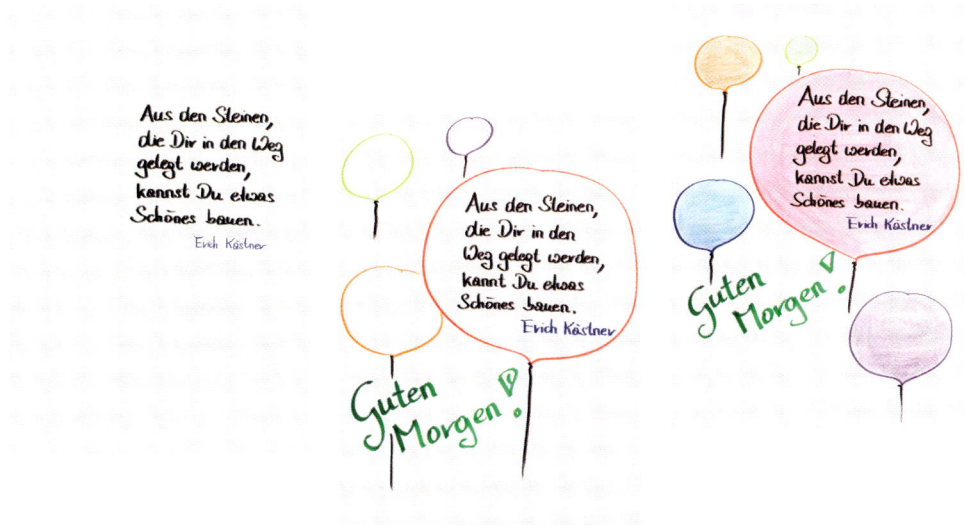

Beispiel 25 Schrittweises Entwickeln eines Begrüßungscharts

Für die in Beispiel 20 und später in Beispiel 32 gezeigten Tiere haben wir zuerst mit Bleistift die gesamte Länge und Breite der Tiere aufgezeichnet. Anschließend haben wir gekennzeichnet, wie viele Kästchen dem Kopf und den Beinen gehören, bevor wir zum Filzstift gegriffen haben.

I – Im Groben: Erst das Ganze, dann das Detail

Erzeugen Sie zuerst das Ganze, bevor Sie ins Detail gehen:

- Stellen Sie das ganze Bild im Kopf fertig, bevor Sie zu zeichnen beginnen.
- Skizzieren Sie die Umrisse, das Gerippe, den Rohbau, bevor Sie Details wie Mimik, Kleidung usw. mühsam vervollständigen.

Die Entwicklung eines komplexen Charts von der ersten Idee bis zur Fertigstellung zeigt Beispiel 26. Zu Beginn stand die Idee, heiße und kalte Konflikte auf einem Blatt einander gegenüber zu stellen. Die ersten Bilder, die uns dazu in den Kopf kamen, haben

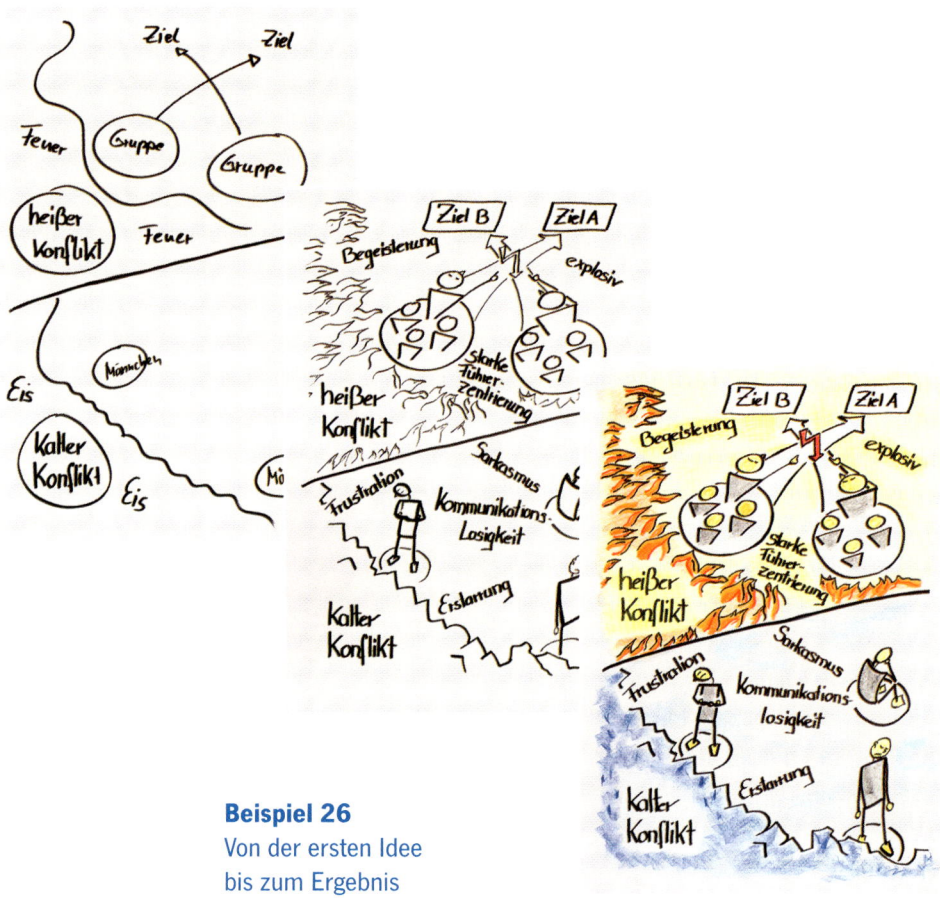

Beispiel 26
Von der ersten Idee
bis zum Ergebnis

wir grob vorskizziert: Das Ergebnis ist auf dem oberen Blatt zu sehen, auf dem lediglich grobe Richtungen und Bilder zu erkennen sind. Die Flächen für „Feuer" und „Eis" haben wir zunächst nur mit einem Platzhalter belegt. Zu diesem Zeitpunkt ging es uns lediglich um die Struktur, Blattaufteilung und Positionierung der einzelnen Elemente auf dem Blatt und zueinander. Im zweiten Schritt haben wir dieses Raster detailliert ausgearbeitet. Hierbei haben wir uns an die zuvor beschriebenen Proportionen gehalten und uns erst jetzt die Mühe gegeben, die Figuren und Bildelemente differenziert auszuarbeiten. Sie können erkennen, dass sich alle Zeichnungen aus den einfachen Grundformen zusammensetzen. Im dritten Schritt sehen Sie, wie das Ergebnis nach der Kolorierung zum Leben erwacht. Hierzu Näheres in Kapitel 5.1.

4.3.2 Selber zeichnen

Wie zeichnet man eine Figur? Es gibt viele sogenannte „Strichmännchen", die tatsächlich nur aus Strichen bestehen und die dennoch über jede Menge Ausdrucksfähigkeit verfügen.

Figuren

Zunächst einmal skizzieren Sie die grobe Körperform mit Kopf und Extremitäten: Der Kopf in seiner Grundform als Kreis oder Ei, der Rumpf als größeres oder kleineres Viereck. Daran schließen sich die Arme und Beine an, wobei Sie die wichtigsten Gelenke als Punkte markieren, Füße und Hände werden als Kreise angehängt.

Figuren schnell zeichnen

Für ungefähr realistische Proportionen können Sie sich an folgenden Faustformeln orientieren: Die Beine sind annähernd so lang wie Kopf und Rumpf zusammen. Die Arme reichen ungefähr bis zur Hälfte des Oberschenkels und der Kopf ist in seiner Höhe ca. ein Viertel bis die Hälfte des Rumpfes groß.

Faustformel: Für eine Figur, die ein Viertel Flipchart hoch ist, heißt das im Detail:

- Die Figur ist 9 Kästchen hoch,
- davon braucht man $1\,^{1}/_{2}$ Kästchen für den Kopf,
- $^{1}/_{2}$ Kästchen für den Hals,
- 3 Kästchen für den Rumpf und
- 4 Kästchen für die Beine.
- Die Schulterbreite beträgt 2 Kästchen.

Verdoppeln oder halbieren Sie diese Proportionen je nach Wunsch und Bedarf.

Die Figuren im Beispiel 27 sind nach diesem Muster erstellt. Die sieben gezeigten Figurentypen werden im Folgenden kurz erläutert:

1 Hier wird die Silhouette eines Menschen mit einer einfachen Kegelform angedeutet. Diese Form eignet sich gut, um Gruppen darzustellen. Durch die sich nach unten verjüngende Kolorierung wird der Eindruck verstärkt, dass hier menschliche Personen dargestellt sind.

2 Die ganz einfache Variante des Strichmännchens besteht aus 2 „Haken" und einem Kreis. Diese einfachen Striche stellen keine künstlerische Herausforderung dar und können durch leichte Veränderungen recht aussagekräftig werden.

3 In Prof. Weidenmanns Buch „100 Tipps und Tricks für Pinnwand und Flipchart" befindet sich dieses einfache und anschauliche Beispiel, wie sich menschliche Figuren wirkungsvoll zeichnen lassen. Kopf und Arme bestehen wie bei unseren Kollegen aus 2 aus einer Kugel und einem Bogen, die Beine werden durch ein nach oben lang gezogenes W dargestellt (Weidenmann, S. 9f).

4 Auch das bekannte Smiley, mit Armen und Beinen versehen, kann einen recht anspruchslosen und nützlichen Flipchart-Kollegen ergeben. Dieses Smiley lässt sich themen- oder zielgruppenspezifisch in eine aussagekräftige Form umwandeln. Eine Birne könnte einen Workshop zu optimaler Ernährung unterstützen, ein personifiziertes Handy könnte bei einer Besprechung oder Schulung zum Thema Entwicklung oder Vertrieb eines solchen eingesetzt werden. Der Leiter eines Flirtseminars würde seinen Helfer vielleicht als Herz zeichnen wollen.

5 Auch die Wirkung des altbewährten Strichmännchens ist nicht zu unterschätzen. Entsprechend dargestellt, kann es sehr ausdrucksvoll sein. Die offenen Arme für eine herzliche Begrüßung, die angewinkelten Arme für jemanden, der überlegt, und jemand, der sich davonschleichen will. Unterstützt wird die Wirkung natürlich durch die Mimik, deren Wirkelemente weiter unten beschrieben werden.

6 Hier sehen Sie wieder eine stilisierte Grundform, in diesem Fall jedoch mit Kleidung. Diese Form besteht fast ausschließlich aus Kreisen und Rechtecken mit wenig Finesse. Dadurch ist auch sie leicht zu zeichnen. Durch leichte Variation der Oberbekleidung (siehe nächsten Abschnitt) können Sie einen spezifischen Bezug zum Thema oder der Zielgruppe herstellen.

7 Diese Strichmännchen entstammen der Grundlage des Comiczeichnens. Auch komplizierte Comicfiguren werden per Bleistift durch ein solches „Gerippe" skizziert, bevor sie differenzierte Formen erhalten. Für die Arbeit mit dem Flipchart reicht uns diese einfache Grundform, die aus Rechtecken und Strichen besteht. In Kombination mit Elementen der Mimik und Speedlinien (Genaueres dazu folgt später) können sie sehr witzig und ausdrucksstark werden.

Etwas aufwändiger, doch mit Übung auch in wenigen Minuten gezeichnet, sind die bekleideten Personen, die ganz vorne in Beispiel 1 gezeigt wurden. Sie wirken kaum noch stilisiert, obwohl sie letztlich auch nur aus wenigen Strichen bestehen.

Unser Tipp: Wählen Sie sich eine Grundfigur aus und üben Sie, diese zu zeichnen, bis sie Ihnen locker aus der Feder fließt. Legen Sie sich zu dieser Grundfigur einen Baukasten an und Ihre Visualisierungen erscheinen einheitlich. Diese Vorgehensweise schafft Ihnen eine hohe Sicherheit und Souveränität.

Natürlich können Sie Ihre Personen auch zum Anlass passend einkleiden. Mit der Kleidung können Sie Ihre Zielgruppen speziell ansprechen oder einen bestimmten Anlass darstellen. Um mit der Kleidung Wirkung zu erzielen, variieren wir der Einfachheit halber überwiegend die Oberbekleidung, speziell die Art des Ausschnittes. In Beispiel 28 sehen Sie, wie durch ein Tuch um den Hals, einen lockeren Kragen oder auch durch Hemd und Krawatte ganz unterschiedliche Eindrücke von leger bis seriös erzielt werden. Das eng anliegende Shirt mit Ausschnitt oder die mit einer Brosche hoch geschlossene Bluse treffen jeweils unterschiedliche Aussagen.

Kleidung

Bei Damen können Sie zusätzlich den Rock als Wirkungsträger einsetzen (siehe Beispiele 1 und 22).

Wenn Ihre Figuren in Bewegung kommen sollen, wenden Sie das nunmehr bekannte Prinzip an: Zeichnen Sie Ihr Strichmännchen nur mit Strichen aus Bleistift vor. Bringen Sie in dieses „Strichgerippe" die Bewegung, die Ihnen wichtig ist, und vervollständigen Sie anschließend (wenn erwünscht) die Kleidung.

Bewegung

Wichtig für den Eindruck von Bewegung sind im Wesentlichen drei Kriterien:

- **Speedlinien**
  Speedlinien sind Linien, die die Bewegung optisch andeuten. Diese Bewegungen werden als weg-von-Bewegungen dargestellt, so als könnten wir den entstehenden Luftzug sehen. In Beispiel 29 können Sie erkennen, dass gerade Linien eine Vorwärtsbewegung darstellen, während durch gebogene der

Beispiel 27
Schnell gezeichnete Figuren, die sich an Standardproportionen orientieren

Figuren schnell zeichnen II

5

6

7

Eindruck von Kurven entsteht. Durch kleine Wölkchen wird starke Beschleunigung oder auch ein Richtungswechsel ausgedrückt.

- **Schräge Striche**
  Auch wenn Sie ursprünglich gerade Striche schräg zeichnen, entsteht die Illusion von Geschwindigkeit.

- **Die Lage des Schwerpunktes**
  Befindet sich der Schwerpunkt in der Mitte, so entsteht der Eindruck von Ruhe, ist der Schwerpunkt seitlich der Mitte, entsteht dadurch der Eindruck von Bewegung. Bei der Person in Beispiel 29 ist der Schwerpunkt seitlich verlagert und da wir wissen, dass die Person so nicht stehen kann, vermuten wir, dass sie sich bewegt.

Auch bei der Arbeit mit Bewegung gilt wieder: Sie sollen kein Künstler werden. Trainieren Sie sich die Formen, die Sie häufig verwenden, so an, dass Sie Ihnen leicht fallen, und konzentrieren Sie sich auf das Wesentliche, das Sie benötigen.

Beispiel 29
Einfache und komplexe
Bewegungen von Gegen-
ständen und Figuren

Beispiel 29 zeigt eine Fülle von Möglichkeiten, wie sich Gegenstände oder Figuren Bewegung „einhauchen" lässt.

Gesichter Mimik hat bekanntlich die größte Wirkung bei der Körpersprache. Mimik drückt Emotionen aus und kann wiederum beim Zuschauer Emotionen erwecken. Auf das Wesentliche reduziert, sind Gesichter leicht zu zeichnen und doch ausdrucksstark.

Die vier Grundemotionen werden durch bestimmte Strichführungen ausgedrückt (Beispiel 30):

- **Freude**
  Dieser Gesichtsausdruck zeichnet sich durch Ausdehnung aus. So wie sich unser Herz öffnet, wenn wir uns freuen, öffnet sich unsere Mimik: Die Augenbrauen und die Mundwinkel gehen nach oben und der Mund wird breit.

- **Ernst**
  Der Gesichtsausdruck wird von geraden, horizontalen Linien dominiert.

- **Zorn**
  Die Augenbrauen zeigen in der Innenseite nach unten und werden dadurch V-förmig, die Mundwinkel fallen ebenfalls nach unten.

- **Traurigkeit**
  Alles fällt nach unten, die Augenbrauen jetzt allerdings an der Außenseite, und auch die Mundwinkel zeigen gen Boden.

Natürlich lassen sich diese Grundaspekte so reichhaltig variieren, wie der Mensch Emotionen hat.

Zeichnen Sie zu Beginn einen Kreis, eine Ellipse oder ein Ei und etwa auf zwei Drittel der Höhe die Augen. Sie können fast jede derartige Form in ein Gesicht verwandeln und mit wenigen Strichen die vier genannten Emotionsbereiche erzeugen. Welche kleinen Veränderungen im Ausdruck den Unterschied machen, sehen Sie im Folgenden:

Augen Die Augen in der Grundform lassen sich hervorragend als Sechs zeichnen, deren Bauch ausgefüllt ist. Dann schaut diese Person nach links. Zeichnet man die Sechs spiegelverkehrt, geht der Blick nach rechts.

Wenn Sie den Ausdruck der Augen variieren möchten, können Sie das mit der Augengröße oder der Position im Gesicht:

- Große Augen drücken Überraschung aus,
- geschlossene Augen lassen vermuten, dass die Person ihre Aufmerksamkeit eher nach innen richtet.

Im Beispiel 30 sehen Sie zwei weitere Alternativen, Augen zu zeichnen:

Beispiel 30
Die vier Grundemotionen
Freude, Ernst, Zorn und Trauer

- Die Augen werden als Ellipsen gezeichnet und die Pupille durch einen Kreis symbolisiert. Diese Form ist häufig aus Comics bekannt.
- Sie können die Augen natürlich auch in ihrer realen, mandelförmigen Form malen.

Augenbrauen

Unterschiedliche Emotionen können durch die Veränderung von Augenbrauen und Mund dargestellt werden. Durch Stellung und Biegung dieser Striche entscheidet man über den Gesamtausdruck des Gesichts.

So können wir durch A-förmige Augenbrauen eher Traurigkeit oder Unsicherheit signalisieren, während V-förmig angeordnete Augenbrauen Ärger oder Missmut verschiedenster Form ausdrücken. Gerade die Brauen können sehr gut Ernst signalisieren, sie verändern ihre Bedeutung aber auch mit der Veränderung von Mund und Augen. Je weiter oben die Augenbrauen angeordnet sind, desto stärker kommt Überraschung zum Ausdruck, je weiter sie nach unten rutschen, desto kritischer erscheint uns die Person.

Grundsätzlich gilt:

A-förmige Augenbrauen = Traurigkeit oder Unsicherheit,

V-förmige Augenbrauen = Ärger oder Missmut,

Gerade Augenbrauen = Ernst.

Mund

Mundwinkel unten symbolisieren Traurigkeit, Mundwinkel oben bedeuten Freude. Kombinieren wir jedoch die gehobenen Mundwinkel mit den V-förmigen Augenbrauen, so haben wir schon eine etwas zweifelhafte Freude, nämlich die Schadenfreude, wie Sie bei der rothaarigen Dame im Beispiel 31 sehen können. Verwirrung können Sie ausdrücken, indem Sie einen Mundwinkel nach oben zeichnen, während der andere nach unten zeigt.

In den Beispielen 30 und 31 sehen Sie zudem noch Beispiele, wie Sie durch unterschiedliche Formen des Mundes extreme Emotionen darstellen können.

Nase

Die Nase selber brauchen Sie für den Gesichtsausdruck nicht zu verändern. Sie können sich eine Form wählen, die zu Ihrer Zeichnung passt und diese unverändert lassen. Natürlich können Sie je nach Charakter der Person oder auch Ihrer Fingerfertigkeit die Stupsnase, die Hakennase oder Pfeilnase bevorzugen.

Steigerung des Gesichtsausdrucks

Die Wirkung des Gesichtsausdrucks können Sie noch intensivieren oder übersteigern, indem Sie Striche im Gesicht als Lach- oder Weinfalten positionieren oder um den Kopf herum grafische Zeichen zur Unterstützung nehmen. Im Beispiel 31 drücken Seifenblasen Verträumtheit aus, die Blümchen stehen für Stolz und

Beispiel 31
Möglichkeiten zur Steigerung

Freude, Schweißtropfen für Anstrengung und die kleinen Dreizacke für teuflische Gedanken.

Mit allen diesen Mitteln kreieren Sie ausdrucksvolle Strichmännchen. Diese können Sie beliebig nach Zeit, Lust und Können mit Leben füllen, indem Sie Farben, Wimpern, Lippen, Brillen, Frisuren oder Hüte hinzufügen. Wenn Sie diese Strichvorlagen „mit Fleisch füllen" wollen, so kann es hilfreich sein, das Gerippe nur mit Bleistift vorzuzeichnen und später die eigentlichen Striche mit einem dickeren und farbigen Marker nachzuzeichnen oder zu schraffieren.

Tipp: Nehmen Sie einen Grundkatalog an Gesichtsausdrücken zu jeder Veranstaltung mit sich, das erleichtert Ihnen das schnelle Zeichnen auch in stressigen Situationen.

Wofür brauchen Sie Tiere?   Tiere

Tiere repräsentieren für uns typische Charaktereigenschaften, die einen starken Symbolwert haben und sich deshalb gut als Metapher bzw. als Analogien nutzen lassen. So kennen wir Redewendungen wie „er steht da wie ein begossener Pudel", jemand ist ein „Immobilienhai", ein „Baulöwe" oder eine „graue Maus". In der

4 Bilder erschaffen

Körpersprache verhält sich jemand wie ein „Pfau" oder „scheu wie ein Reh"; in der Teamarbeit gibt es vielleicht die empfindlichen „Igel" oder bei Entscheidungsfindungen „steckt jemand den Kopf in den Sand".

Tiere zeichnen Sie ebenso nach dem EASI-Prinzip wie Menschen. Beispiel 32 zeigt eine Auswahl an Tierbildern. So ließe sich der bellende Hund mit dem dazugehörigen Spruch in einem Führungskräfteseminar zum Thema „Delegation" einsetzen, die Brillenschlange vielleicht in einem Vortrag über „Lesetechniken", der Frosch für „Strategisches Vorgehen" und der zähnefletschende Hund könnte das Thema „Umgang mit schwierigen Verhandlungspartnern" illustrieren.

Hans-Jürgen Frank schreibt in seinem Buch „Ideen zeichnen", dass er es aufgegeben hat, perfekte Formen zu zeichnen, da ihm das kaum gelang. Die Form jedoch, die ihm gelingt, behält er konsequent bei und erreicht durch diese Einheitlichkeit einen professionellen Eindruck – ein eleganter Weg, das, was man kann, bestmöglich einzusetzen.

Wenn Sie trotz all dieser Tipps noch immer sagen, dass Sie nicht selber zeichnen können oder wollen oder Ihnen einfach die Zeit fehlt, gibt es noch ...

4.3.3 Andere Tricks

Ein alter Trick funktioniert mit dem Overheadprojektor:

Ein Cartoon wird auf eine Folie gedruckt oder kopiert und per Overheadprojektor auf das Flipchart projiziert (Beispiel 33). Nun zeichnen Sie flink die Striche nach, kolorieren nach Belieben und voilá – fertig ist das Kunstwerk.

Diesen Trick verwenden wir gerne bei komplexen Motiven, die ohne Vorlage zu aufwändig sind.

Hierfür und auch für das Abpausen können Sie das umfangreiche Angebot an Cliparts aus dem PC nutzen. Es bietet viele unterschiedliche Stilrichtungen und Varianten.

Wenn es sich bei dem Clipart um eine Vektorgrafik handelt, können Sie diese Grafiken ganz leicht nach Ihren Wünschen modifizieren (Vektorgrafiken sind zum Beispiel Windows Metafile (Dateiendung .wmf) und Enhanced Metafiles (Dateiendung .emf)):

- Sie fügen die Zeichnungselemente in ein Programm ein, das Vektorgrafiken unterstützt, zum Beispiel MS Powerpoint.

Der Overhead-projektor-Trick

Beispiel 33
Einsatz zweier Clipartfiguren, die per Overheadprojektor auf
das Blatt projiziert und nachgezeichnet wurden. Durch eine einheit-
liche Farbgestaltung ergibt sich ein stimmiges Gesamtbild.

- Dann klicken Sie mit der rechten Maustaste auf die Grafik
  und heben die Gruppierung auf.
- Nun können Sie Teile entfernen, andere Teile hinzufügen
  oder Farben verändern.
- Anschließend können Sie die Teile wieder zu einer Gruppierung zusammenfassen.

So erstellen Sie leicht Ihre persönliche Grafik, die es kein zweites
Mal gibt und dabei sehr künstlerisch wirkt.

Abpausen Sie können auch mit Kreppband eine Vorlage hinter das Blatt
kleben und die durchscheinenden Striche nachzeichnen.

Wenn sie eine PC-Grafik verwenden, verändern Sie diese im
Grafikbearbeitungsprogramm auf eine Größe, die für Ihre Präsentation ausreicht.

Sie möchten eine Zeichnung erst in der Veranstaltung entwickeln, sind sich aber nicht sicher, ob Ihnen das gelingt?

Vorzeichnen per Bleistift

Zeichnen Sie mit dünnen Bleistiftstrichen das Gemälde, die Statistik oder was immer Sie brauchen vor. Schon aus zwei Metern Entfernung ist diese Hilfe nicht mehr zu erkennen, aber Ihrer Hand gibt sie eine sichere Führung und Sie können „freihand" mit einem dicken Filzstift (nach)zeichnen!

Diesen Trick verwenden wir nicht nur bei Bildern, sondern auch, wenn es um komplexe Zahlen oder Daten geht, die wir nicht im Kopf haben.

All diese Techniken bieten Ihnen die Möglichkeit, entweder einfache oder auch vielschichtige Zeichnungen zu erstellen. Behalten Sie dabei den im Zeitmanagement üblichen Leitgedanken „Konzentration auf das Wesentliche" im Hinterkopf!

Beim Verwenden von Fremdbildern, aber auch beim Nachzeichnen, achten Sie immer darauf, dass das Urheberrecht des Bildautors nicht verletzt wird. Eine Prüfung und ein Einverständnis des Urhebers sind in all den Fällen notwendig, sobald Sie die Bilder in einem Rahmen nutzen, der über einen „privaten" oder unentgeltlichen Zweck hinaus geht. Dabei sollte man von Fall zu Fall abwägen: Die Verwendung eines einzelnen, nachgezeichneten Bildes im Rahmen einer kleinen Veranstaltung kann sicher noch als Bagatellfall gelten, aber bei einer Nutzung in einem Vortrag vor einem großen Publikum (z. B. eines Top-Managers) ist auf jeden Fall eine Genehmigung des Urhebers notwendig. Bei jeder Verwendung sollte immer die Quelle angegeben werden.

5 Bilder verzaubern

Sie haben schon viele Bilder gezeichnet? Schauen Sie sich Ihre Bilder noch einmal in Ruhe an. Sie sehen, wie Ihre Flipcharts durch die Bilder ansprechender werden. Der Text bekommt ein Gesicht und damit werden Ihre Zuschauer aufmerksamer.

Das reicht Ihnen noch nicht? Sie wollen mehr? Sie wollen Ihre Zuschauer begeistern mit gewinnenden, viel versprechenden, raffinierten und zauberhaften Bildern?

Was Sie dazu benötigen, sind Farben und Materialien. Dazu eine Portion Perspektivwechsel und dreidimensionales Denkvermögen – und schon kann es losgehen. Verzaubern Sie Ihre Zuschauer mit Ihren Bildern!

5.1 Farben – können berauschen

Farben entstehen durch den Einfall von Licht. Ein weißes Blatt Papier sieht nur dann weiß aus, wenn Sie es mit weißem Licht beleuchten. Nehmen Sie rotes Licht, sieht es rot aus, bei Abwesenheit von Licht wirkt es schwarz. Farbe ist also keineswegs eine Materialeigenschaft. Farbe ist abhängig von der Beleuchtung und von den Reflektionseigenschaften des Materials.

Die Tomate ist nicht rot, sie hat lediglich ein individuelles Absorptionsvermögen, das bestimmte spektrale Anteile des eingestrahlten Lichts absorbiert und den Rest als Restlicht reflektiert. Bestrahlt man die Tomate mit Licht, aus dem dieser reflektierbare Anteil ausgefiltert ist, erscheint sie schwarz. Farbe entsteht erst, wenn der Lichtreiz das intakte Sehorgan und die entsprechenden Hirnzentren eines Betrachters veranlasst, eine Farbempfindung zu produzieren. Trifft der gleiche Reiz auf das Auge eines Fehlsichtigen, entsteht eine andere Farbempfindung (Heck).

Glücksgefühl durch Farben

Farben lösen bei allen Menschen Gefühle aus. Sie können berauschen. Wer kennt das nicht an einem strahlend-sonnigen Tag mit stahlblauem Himmel? Der Blick wandert immer wieder nach oben, um diese intensive Farbe aufzusaugen. Wenn dann noch das silberne Glitzern des Meereswassers dazukommt, in dem sich die Sonnenstrahlen fangen, dann fängt es an im Bauch zu kribbeln, der Körper stößt Endorphine aus und wir spüren so etwas wie ein Glücksgefühl. Wir sind berauscht!

Doch wie groß ist der Einfluss der Farben?

Dazu existieren viele wissenschaftliche Untersuchungen, auch historische (Goethe, Leonardo da Vinci). Es wurde herausgefunden, dass Farben den unbewussten Bereich im Menschen ansprechen – und der hat häufig viel mehr Einfluss auf Entscheidungen und Verhaltensweisen als unsere bewussten Überlegungen. Sie kennen das: Farben stehen für gewisse Eigenschaften, Werte oder Verhaltensweisen des Menschen. Hier einige Beispiele (nach Andreas Heck: Farbcodes).

5.1.1 Farben und ihre Wirkung

Grün symbolisiert Leben und Natürlichkeit.   Grün

Bei längerem Ansehen beruhigt diese Farbe und sorgt für Ruhe und Gelassenheit.

Begriffe, die mit Grün verbunden werden, sind Frühling, Hoffnung, Zuversicht, Frische, Gesundheit und Jugend. Vegetation ist grün und somit wird das Leben mit Grün assoziiert. Es ist der Gegensatz zu welk und dürr.

Grün ist der beruhigende Pol zwischen rot und blau. Rot ist trocken, blau ist nass, grün ist feucht. Rot ist aktiv, Blau ist passiv. Grün mit Blau und Weiß kombiniert heißt hilfsbereit, ausdauernd und tolerant. Mit Schwarz, Gelb und Violett wird Grün negativ, dämonisch und böse. Der Grünrock ist seit der Romantik der Teufel in Menschengestalt.

Auf dem Flipchart kann man Grün gut einsetzen, um Frische, Lebendigkeit und damit auch Beruhigung auszudrücken. Auch Positives, Vorteile und Übereinstimmungen lassen sich dadurch kennzeichnen.

Rot gilt als Signalfarbe.   Rot

Es symbolisiert Glück, Freude, Energie, Liebe, Hass, Leidenschaft, Impulsivität, Zorn. Rot ist eine der drei Urfarben. Das ganz reine Rot ohne Blau- und Gelbanteile wird Magenta genannt. Kleinen Kindern setzte man ein rotes Mützchen auf zum Schutz gegen Dämonen oder Blicke des Neids. Rote Kissen oder rote Bänder hatten die gleiche Wirkung. In China tragen heute noch kleine Kinder rot – es symbolisiert die Farbe des Glücks. Das Blut steigt zu Kopf, man wird rot vor Verlegenheit, man schämt sich, man ist zornig, hektische Aufregung, man sieht Rot.

Rot, in Flipchartbildern eingesetzt, weckt auf, alarmiert und macht aufmerksam. Deshalb bietet sich an, Wesentliches, Wichtiges und Hervorhebenswertes und auch Widersprüche, Nachteile oder Gefahr mit Rot zu markieren oder zu zeichnen.

Violett Violett drückt Macht und Stärke aus.

Es symbolisiert Frömmigkeit, Eitelkeit, Extravaganz, das Modische, Unkonventionelle, Aufdringlichkeit, Magie, das Unnatürliche, die Zweideutigkeit, das Unsachliche, die Unsicherheit, die Untreue, Luxus, das Weibliche, Empfindsamkeit, Charme, Wollust, Sexualität, Leidenschaft, das Verführerische, das Unmoralische, das Altmodische, das Verdorbene. Je mehr Schwarz und Violett mit Rot kombiniert wird, desto sichtbarer wird das Unmoralische (Beispiel 34). Lila, das durch weiß geschwächte Violett, gilt als altjüngferlich.

Beispiel 34
Die Kombination von
Schwarz mit Violett und
Rot wirkt bedrohlich

Violett kann als sehr weiche, verniedlichende oder auch gefühls-
duselige Farbe verkannt werden, deshalb ist es besser nur sehr
gezielt und sparsam am Flipchart einzusetzen.

Orange zieht den Blick auf sich.   Orange

Diese Farbe symbolisiert das Süße, das Aromatische, das Erfri-
schende, das Billige, die Aufdringlichkeit, das Extrovertierte, das
Modische, das Laute, die Nähe, das Vergnügen, das Lustige,
Geselligkeit, Genuss, Völlerei, Energie, Aktivität, Aufregung,
Begierde, Wärme. Es existieren (fast) keine Naturmaterialien in
Orange, daher signalisiert Orange Künstlichkeit.

Orange tritt als Kombination aus Licht und Wärme auf. Daher
sorgt es für ein angenehmes Raumklima (Beispiel 35). Nicht grell
wie Gelb und nicht schwül wie Rot. Wenn es schmutzig ist, ist es
nur getrübt und nicht dreckig.

Beispiel 35 Orange sorgt für angenehme Atmosphäre

Diese warme Wirkung von Orange hilft, auf dem Flipchart eine
ruhige Atmosphäre zu schaffen. Bei der Darstellung von Figuren
kann Orange auch den Haut-Ton symbolisieren.

Blau wird als kühl, überlegt und nüchtern ausgelegt.   Blau

Blau symbolisiert Zuverlässigkeit, Vertrauen, Sympathie, Harmonie, Freundlichkeit, Freundschaft, Treue, Sehnsucht, Kälte und
Fantasie. Blau ist die Farbe der Ferne. Eine Farbe wirkt umso
näher, je wärmer sie ist, und umso ferner, je kälter sie ist. Blau
schafft Raum und Perspektive. Alle Farben werden in der Ferne

blauer, trüber, sie werden von Luftschichten überdeckt. Wasser und Luft werden als blau empfunden. Blau ist die positive Seite der Phantasie, es steht für utopische Ideen, die in der Ferne liegen (Beispiel 36).

In alten Redensarten wurde blau mit der Lüge verbunden: „Das Blaue vom Himmel herunter lügen."

Blau ist die Komplementärfarbe zu Orange. Orange ist die heißeste, Blau die kälteste Farbe des Spektrums (obwohl – physikalisch betrachtet – blaue Lichtquanten höhere Energie haben als orange). Als Raumfarbe wirkt Blau ungemütlich (in blauen Zimmern wird die Temperatur unterschätzt).

Blau ist neben Schwarz die sinnvollste Schriftfarbe auf dem Flipchart, da sie den stärksten Kontrast für das Auge bietet und damit leicht lesbar wird.

Beispiel 36
Blau steht unter anderem
für Raum, für Fantasie
und Ferne

Gelb ist die zwiespältigste Farbe.

Einerseits die Sonne und das Licht, doch in der Geschichte war sie die Farbe der Geächteten; so blieb sie die Farbe des Egoismus.

Dieser Zwiespalt findet sich auch in der Bedeutung wieder: Einerseits symbolisiert es Optimismus, Lebensfreude, Luxus und Reichtum und wird als erfrischend empfunden. Auf der anderen Seite steht es für das Kleine, Empfindsame, die Naivität, Neid, Eifersucht, Geiz, Egoismus, Lüge, Unsicherheit, Gefühllosigkeit, Untreue und wird als bitter und giftig empfunden. Gelb als Sonnenfarbe wirkt heiter, Optimisten haben ein sonniges Gemüt.

Gelb mit Orange und Rot strahlt Lebensfreude aus. Mit Blau und Rosa Freundlichkeit. Sonnenlicht wird als Gelb empfunden, obwohl es farblos ist. Weiß-Rosa-Gelb ist die Farbskala des Zarten, Kleinen, Empfindsamen, der Naivität.

Gelb erscheint auf dem Flipchart häufig nur schwach und damit schwer sichtbar. Auf der anderen Seite wirkt Gelb strahlend, freudvoll und fröhlich und kann so auf dem Flipchart für gute Laune sorgen.

Beispiel 37 Gelb sorgt für gute Laune

Schwarz Schwarz ist die Farbe der Trauer.

Schwarz symbolisiert: Dunkelheit, Schmutz, Tod, Leere, Bedrängnis, Einsamkeit, Gefühllosigkeit und die Eigenschaften konservativ, modern, sachlich, funktional.

Das Ende ist schwarz. Was tot ist, ist schwarz. Sich schwarz ärgern. Warte bis du schwarz bist. „In Sack und Asche gehen" kommt aus dem Israelischen, man streut sich Asche über den Kopf und hat ein sackähnliches Gewand an.

Schwarz kann jede Symbolik einer Farbe ins Negative kehren. Rot ist die Liebe – Rot und Schwarz kombiniert gelten als der Hass. Gelb und Schwarz heißen Lüge und Egoismus. Blau und Weiß sind Harmonie – Blau und Schwarz bedeuten Härte.

Eine Schwarz-Weiß-Kombination bedeutet Tatsachen, Objektivität, Intelligenz. Was man schwarz auf weiß hat, ist wahr. Wer schwarze Zahlen schreibt, der macht Gewinn.

Schwarze Schrift ist sehr leserlich. Schwarz kann auf dem Flipchart auch sehr gut für die Umrandung von Figuren, Formen und Grafiken eingesetzt werden, um sie dann mit Farbe zu akzentuieren. Großflächig sollte Schwarz nicht eingesetzt werden, sonst ergibt sich ein zu trister Eindruck.

Hans-Jürgen Frank empfiehlt in seinem Buch „Ideen zeichnen" (S. 68), die Auswahl der Farben nach den Kriterien der Einfachheit und Umsetzbarkeit beim Zeichnen zu treffen. Farben dienen zur inhaltlichen Darstellung. In seinem Buch finden Sie auch eine tiefer führende Auflistung, welche Farbe mit welchem Material oder mit welcher Schriftart für welchen Inhalt und welche Funktionen verwendet werden kann.

Seien Sie sich der Wirkung der Farben bewusst und relativieren Sie gleichzeitig, denn auch hier gilt: Jeder Mensch reagiert anders auf Farben. Nicht umsonst haben Menschen Lieblingsfarben. Farben für Firmenlogos und Schriftzüge in Unternehmen werden mit größter Sorgfalt ausgewählt. Profis setzen Farben immer ganz gezielt ein. Tun Sie es auch!

5.1.2 Grundfarben

In der Regel stehen Ihnen die vier Markerfarben Blau, Schwarz, Rot und Grün zur Verfügung. Mit diesen Farben können Sie viel erreichen, wenn Sie folgendes beachten:

- Schwarz und Blau dienen dem eigentlichen Schreiben von Überschriften und Texten.

- Grün und Rot dienen Hervorhebungen und Unterstreichungen.

Wenn Sie sich an diese einfache Grundregel halten, ist Ihr Flipchart farblich klar und ansprechend, ohne willkürlich und chaotisch bunt zu wirken. Das Gehirn kann sich auf einen Blick orientieren und erfassen, wo was zu finden ist. Das Auge wird geführt und dadurch wird es dem Betrachter einfach gemacht, die Botschaft auf einen Blick aufzunehmen. Beispiel 38 zeigt einen besonders prägnanten Einsatz von Farben.

Beispiel 38 Farben erleichtern das Aufnehmen der Botschaft

5.1.3 Zauberfarben

Um zu verzaubern, reichen jedoch die vier Farben nicht aus. Wenn Sie „nur" mit diesen Grundfarben zeichnen, wird es Ihre Zuhörer noch nicht vom Hocker reißen. Deshalb wollen wir Ihnen einige Farb- und Materialvarianten vorstellen, mit denen Sie Ihre Bilder „zaubern" lassen können.

Auf der nächsten Seite sehen Sie einen sogenannten „symmetrischen Farbkreis".

Ruhe und Gelassenheit

Ein harmonisches Zusammenspiel der Farben erreicht man durch den Gebrauch von „analogen Farben", also den Farben, die auf dem Farbkreis nebeneinander liegen. Dadurch strahlt das Bild Ruhe und Gelassenheit aus (Beispiel 39).

Dabei ist zu beachten, dass es verschiedene Farbkreise gibt und die Bezeichnungen gleicher Farben teilweise unterschiedlich ist.

Dramatische Effekte Dramatische Effekte erzeugt man durch den Gebrauch von „Komplementärfarben", also den Farben, die sich im Farbkreis gegenüberliegen (zum Beispiel gelb und blau, siehe Beispiel 39). Damit erzeugt man eine Art Spannung in dem Bild und es scheint fast so, als würde das Bild zum Leben erwachen. Wählen

Sonnige Grüße
– mit analogen Farben –

Komplementär-Farben wie 'blau' und 'gelb' bewirken strahlende Effekte.

Beispiel 39 Einsatz von analogen Farben und Komplementärfarben

Sie die Farbkombinationen so, dass sie damit den gewünschten Effekt erzielen.

Analoge Farben erzeugen Harmonie und Ruhe.

Komplementärfarben erzeugen Dramatik und Spannung.

Nun folgen einige Beispiele, mit welchen Materialien Sie diese Farben erzaubern können.

5.1.4 Stifte und Materialien

Wachsmalblöcke gibt es von Stockmar in 16 verschiedenen Farbnuancen von weiß bis schwarz. Sie sind ca. 4,1 cm x 2,3 cm x 1,2 cm groß und lassen sich sehr einfach verwenden. Sie schmieren nicht und erzeugen attraktive Bilder. Da ihre Farbe recht schwach ist, eignen sie sich nicht zum Schreiben, zum Kolorieren aber umso besser. Man kann mit ihnen sowohl punktgenau arbeiten als auch schnell großflächig kolorieren. Durch leichtes oder stärkeres Aufdrücken können Sie den Sättigungsgrad der Farben mit Wachsmalblöcken beeinflussen.

Wachsmalblöcke

Die ColorMarker (Moderationsmarker Colorset) gibt es in 10 Farbabstufungen und Sie können damit wunderbare Bilder erzeugen. Dadurch, dass die Farben über die üblichen Standardfarben Rot, Blau, Schwarz und Grün hinausgehen, ist es sehr leicht, farbenfrohe Bilder entstehen zu lassen. Die Stifte erzeugen einen kräftigen, klaren Strich so wie jeder Flipchartmarker. So lässt sich mit ihnen auch schreiben, für das Kolorieren großer Flächen eignen sie sich jedoch weniger.

ColorMarker von Neuland

Kreide steht Ihnen in Form von Straßenkreide oder auch Künstlerkreide (zum Beispiel Cretacolor) zur Verfügung. Beide sind in sehr schönen Farbabstufungen in Spielzeug- oder Künstlerbedarfsläden zu erhalten. Beide können Sie auch am Flipchart verwenden. Der Nachteil dieser Kreiden besteht darin, dass sie leicht verwischen. Um die Farben langfristig haltbar zu machen, müssen sie nachträglich mit einem Fixierspray bearbeitet werden.

Kreide

Copic Marker erhalten Sie in Schreibwaren- oder auch Künstlerzubehörläden. Dabei haben Sie die Qual der Wahl, weil es sie in allen Farbabstufungen gibt. Copic Marker besitzen je Stift zwei Strichstärken: eine Breitseite mit ca. sechs Millimeter und eine Schmalseite mit ca. zwei Millimeter. Diese Stifte können Sie wunderbar einsetzen, um Ihre Bilder grazil zu kolorieren.

Copic Marker

POW³ER - BURGER

Erfolg

mein Wunsch

Wirkung auf mich

meine Wahrnehmung

Positiver Einstieg

Beispiel 40
Einsatz von Blopens für
die Gestaltung des „Salat" und
für die Licht-Schatten-Effekte

Hierarchie
in
Mentale Soft-ware

5 Bilder verzaubern

Auch mit den Blopens der Firma Jakks Pacific, die es ebenfalls in sehr vielen Farben gibt, können Sie Ihre Bilder und Ihre Zuschauer verzaubern (Beispiel 40). In Deutschland sind Blopens in verschiedenen Spielzeugläden erhältlich (zum Beispiel TOYS"R"US). Blopens

Blopens sind im Prinzip einfach zu handhaben, weil Sie nur blasen müssen und den Stift dabei gleichzeitig über die Stellen führen, die Sie kolorieren möchten. Wenn Sie Blopens großflächig einsetzen, brauchen Sie allerdings eine ausdauernde Lunge! Empfehlenswert ist es, Papier oder Stoff auf dem Boden unter dem Chart auszubreiten, weil sich mit den Pens nur schwer punktgenau arbeiten lässt und die Farbe breit verteilt wird. Auch werden Ihre Finger dabei möglicherweise nicht sauber bleiben. Aber es macht unglaublich Spaß und die Wirkung, die Sie erzielen können, ist verführend.

Leider sind die Blopens nicht ganz billig. Fünf Stifte kosten ca. 6 Euro. Damit die Blopens nicht austrocknen, empfiehlt es sich, sie sorgfältig und gleich nach Gebrauch zu verschließen.

Empfehlung: Verwenden Sie in jedem Fall mehrere Farben und auch Farbabstufungen, um mit Ihren Bildern zu verzaubern. Aber auch hierbei gilt: Weniger ist mehr! Vertrauen Sie auf Ihr Gefühl und Ihren Geschmack!

5.2 Schatten – Bilder werden dreidimensional

Schatten und Schattierungen dienen dazu, ein Bild dreidimensional und damit plastisch wirken zu lassen, damit der Betrachter sich besser in das Bild hineinversetzen und es sich leichter vorstellen kann oder um zentrale Elemente eines Bildes zu unterstreichen. Allerdings ist es nicht ganz einfach, Schatten so zu zeichnen, dass damit eine realistische Wirkung erzielt wird.

Bevor Sie daran gehen, Ihr Bild zu schattieren, heißt es zu überlegen, von welcher Seite das Licht kommt. Entscheiden Sie sich für

- rechts,
- links,
- oben,
- unten oder
- von einer dieser Seiten schräg einfallend (Beispiel 41).

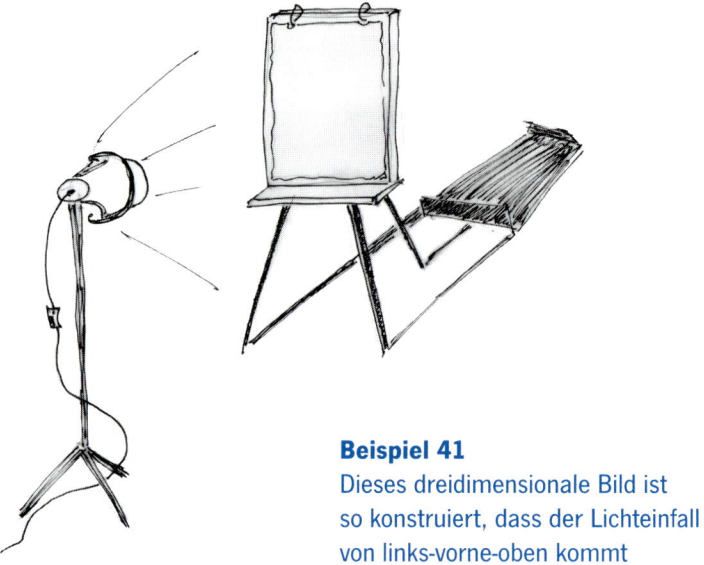

Beispiel 41
Dieses dreidimensionale Bild ist
so konstruiert, dass der Lichteinfall
von links-vorne-oben kommt

Schatten konstruieren

Am realistischsten werden Perspektiven und der dazugehörige Schatten, wenn sie mit Hilfe von Formeln konstruiert werden.

Bei der in Beispiel 42 gezeigten Perspektive geht es um eine „Ein-Punkt-Perspektive" – d.h. alle Linien führen an einem Punkt zusammen. Mit der im Bild angegebenen Formel können die realen Längen vom Fluchtpunkt aus berechnet werden. Die Schatten werden dementsprechend konstruiert.

Allerdings macht dieses „Rechnen" natürlich einige Arbeit!

Schatteneffekte leichter erzielen

Einfacher und schneller erreichen Sie Schatteneffekte, indem Sie erst einmal überlegen, von welcher Seite das Licht einfällt. Wenn

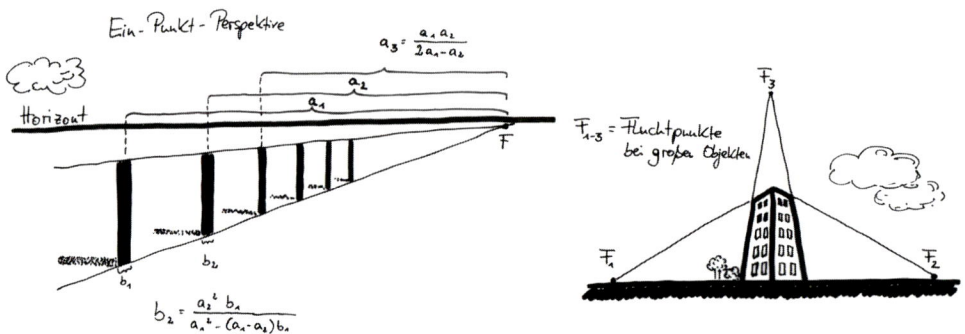

Beispiel 42 Schatten und Perspektive erzeugt mit Hilfe von Formeln

5 Bilder verzaubern

Sie sich zum Beispiel dafür entscheiden, dass das Licht von links kommt, dann bedeutet das für den Schatten, dass die entsprechende Fläche rechts vom Motiv schattiert werden muss. Beispiel 43 zeigt die Schattenwirkung bei verschiedenen Lichteinfallsrichtungen.

Zum Schattieren eignen sich weiche Bleistifte, Wachsmalblöcke, Kreiden oder auch Blopens. Klassisch erscheint der Schatten in dunklen Farben: schwarz, dunkelbraun oder grau. Es gilt aber das Prinzip der künstlerischen Freiheit und Sie können mit jeder beliebigen Farbe schattieren. Dabei sollten Sie jedoch darauf achten, dass die Schattenfarbe dunkler ist als die restliche Farbe, damit der Schatten auch als solcher zu erkennen ist.

Schatten durch Farben

Wenn Sie sich für den Schatten mit Blopen entscheiden, müssen sie vorsichtig sein und darauf achten, dass die Farbe auch wirk-

Beispiel 43
Schatteneffekte an Bild und Text bei verschiedenen Lichteinfallsrichtungen

Beispiel 44   Schatteneffekte verstärken die Wirkung der zentralen Motive erheblich

lich nur auf einer Seite verteilt wird. Beispiel 44 zeigt besonders raffinierte Varianten von Schatten, die den zentralen Motiven eine ganz besondere Ausstrahlung (Aura) verleihen.

Schatten durch Schraffuren

Schatteneffekte erzielen Sie auch durch unterschiedliche Schraffuren (Beispiel 45). Das Prinzip ist dasselbe wie bei der Verwendung von Farben, nur dass Sie den dreidimensionalen Effekt durch unterschiedliche Muster bewirken.

Schatten durch Lichtquelle

Einfacher erreichen Sie den Schatteneffekt, wenn Sie beim Zeichnen eine imaginäre oder, noch besser, eine echte Lichtquelle außerhalb des Bilds einsetzen. Positionieren Sie in diesem Fall eine Lampe oder einen Scheinwerfer so, dass er Ihr Bild von der Seite anstrahlt (Beispiel 46). Dann entsteht bereits ein leichter Schatten und den gilt es nachzuzeichnen. Er wird nicht so deutlich sein, wie es bei dreidimensionalen Gegenständen sein kann, aber durch die leichte Andeutung unterstützt es Ihr Vorstellungsvermögen.

Wichtig: Denken Sie daran, auch die kleinen Ecken und Kanten zu schattieren, die gerne vergessen werden.

Beispiel 45
Unterschiedliche Schraffuren als Möglichkeit zur Erzeugung von Schatten

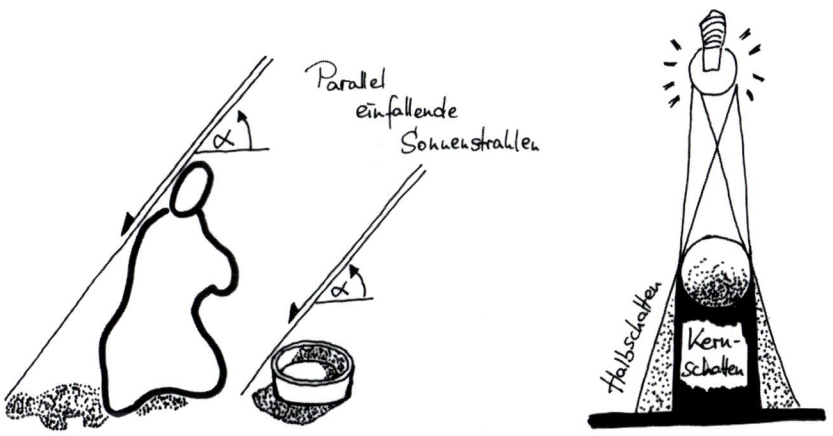

Beispiel 46
Schattenbildung bei Einsatz einer Lichtquelle auf dem Chart
oder außerhalb des Charts

5.3 Richtungen – den Denkrahmen erweitern

Wir erleben immer wieder, dass selbst Menschen, die regelmäßig trainieren und präsentieren, ihre Flipcharts linear von oben nach unten beschriften. Das ist als Grundform auch durchaus sinnvoll. Der erste Blick fällt nach links oben und wandert von da aus nach rechts und dann nach unten. Neugierde und Aha-Erlebnisse lassen sich dadurch auf Dauer schwer erreichen, vor allem, wenn sich über mehrere Stunden oder Tage gleichförmige Flipcharts an der Wand aneinander reihen.

Wie kann man ein Chart noch beschriften, um auch im Denken die Richtung zu wechseln? Beispiel 47 zeigt verschiedene Möglichkeiten.

Der gemeinsame Weg — Eine leichte Variante der Grundrichtung einer Chartbeschriftung ist der Weg, der sich in Wellenlinien von links oben nach rechts unten zieht. Dieser Weg führt den Blick des Zuschauers an verschiedenen Stationen vorbei, die zum Beispiel die Themen der folgenden zwei Stunden oder Tage darstellen können. Beispiel 48 präsentiert die (in diesem Fall inhaltsfreien) Kernpunkte für eine Zweitagesveranstaltung vom Beginn oben links bis zum Abschied unten rechts.

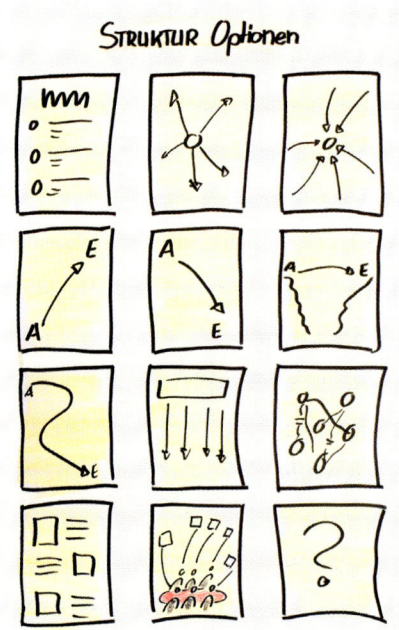

Beispiel 47 Übersicht über verschiedene Möglichkeiten, ein Chart aufzubauen

Beispiel 48
Die Wellenlinie als gemeinsamer Weg

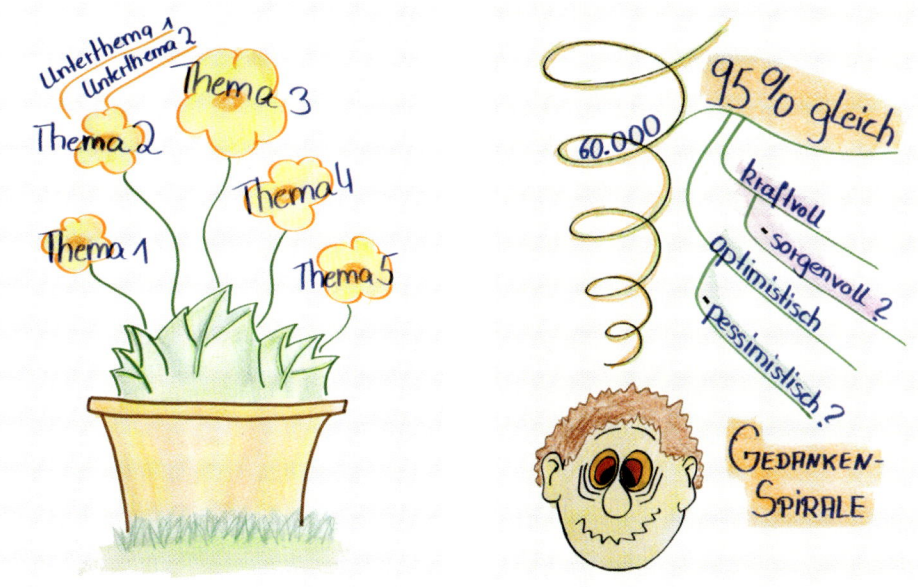

Beispiel 49 Zwei weitere Varianten der Bildbeschriftung

Stellt man die Standardrichtung auf den Kopf, kann man damit Wachstum symbolisieren, so wie etwa Blumen von unten nach oben streben. Beispiel 49 stellt zum einen den Ablauf eines abteilungsinternen Seminars dar. Im Blumentopf befinden sich die Samen des Vorgesprächs, die jetzt die entsprechenden Blüten und Inhalte entwickelt haben. Auch das andere Chart „wächst" von unten noch oben. Dass der Titel unten steht, erschließt sich nicht sofort, so dass der Betrachter zum aktiven Denken angeregt wird. Wenige Kernaussagen sind elegant miteinander verbunden. *Von unten nach oben*

Ein Bild kann sich auch von innen nach außen entwickeln, so wie ein Baum in seinem Querschnitt vom Stamm aus in alle Richtungen wächst. Die klassische Form hierfür ist die Mindmap. Beispiel 50 zeigt ein dermaßen konstruiertes Chart: Es bildet in sehr kreativer Form den Tagesablauf in einem Seminar ab. *Von innen nach außen*

Im Beispiel 51 verwendet Lucas Derks für die Darstellung der „Distanzzonen" eine spannende Perspektive: die Draufsicht. Die Person ist nur als Kopf mit Nase zu erkennen, so als würden wir von oben aus der Vogelperspektive auf sie schauen. Diese Perspektive eignet sich gut, um Kontexte, Distanzen und räumliche Ordnung darzustellen. Teamaufstellungen, Soziogramme, Entwicklungsstufen in einem Personalgespräch und Zeitverläufe können so anschaulich gemacht werden. *Aus der Vogelperspektive*

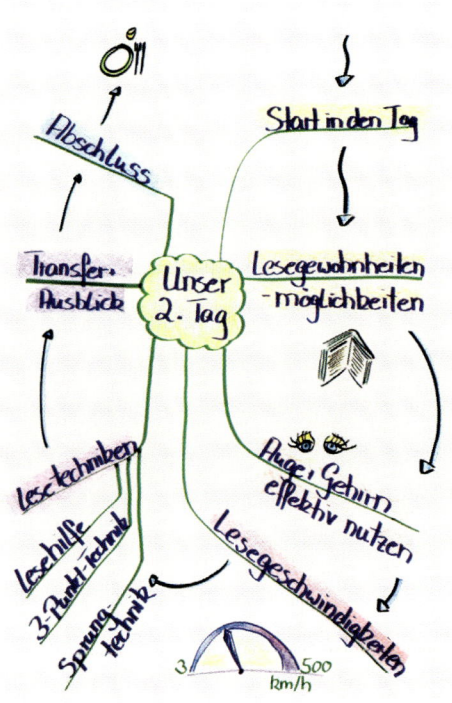

Beispiel 50
Inhaltliche und gestalterische
Strukturierung von Charts
von innen nach außen

Beispiel 51
Die Vogelperspektive ist eine
besonders interessante Art der
Darstellung von Zusammen-
hängen und Strukturen

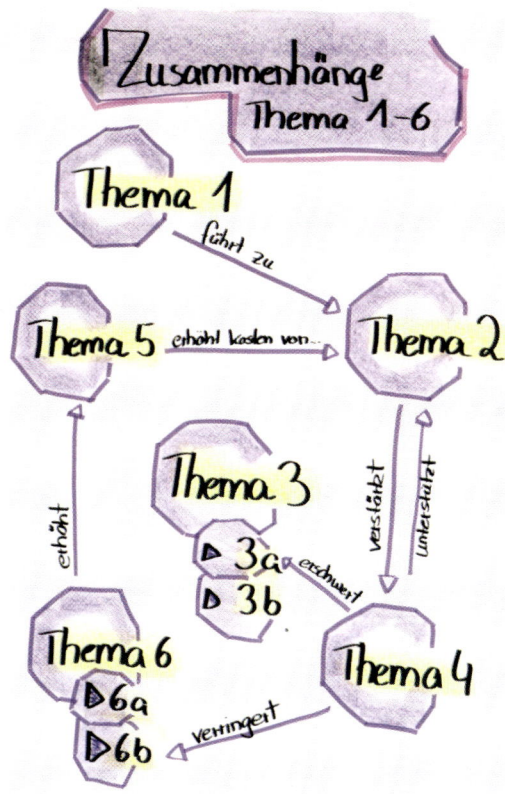

Beispiel 52
Das Netzdiagramm als Möglichkeit Zusammenhänge
und Wechselbezüge darzustellen

Zusammenhänge und Bezüge können Sie in Form eines Netz- werks aufzeigen (Beispiel 52). Hierbei stellen Sie also keine klare Richtung heraus, sondern nutzen das ganze Blatt, wobei sich Schwerpunkte und Richtungen aus dem Thema ergeben. Diese Anwendung lässt sich zum Beispiel einsetzen, wenn Sie ein The- mengebiet im Überblick vorstellen und den Zusammenhang der einzelnen Bausteine untereinander deutlich machen wollen.

Zusammenhänge als Netz

Hier steht Ihnen die ganze Palette der Farb- und Formenwahl zur Verfügung, um Bedeutungen und Hierarchien festzulegen und die Übersicht anschaulich zu gestalten.

Bei Menschen unserer Kultur ist Vergangenheit in der inneren Vorstellung eher links angesiedelt und die Zukunft rechts, so dass Entwicklungen und Fortschritte fast immer von links nach rechts

Von links nach rechts

aufgezeigt werden. Die Bewegung von rechts nach links wird eher als Rückschritt gewertet. Meist ist es auch bei der Gestaltung von Flipcharts sinnvoll, sich an dieses Prinzip zu halten. Diese Bewegungsrichtung eignet sich für lineare Darstellungen und Zeitabläufe.

Bei der Arbeit mit Prozessverläufen kann man das Papier quer nehmen.

Von links unten schräg nach oben

Die klassische Aufwärtsrichtung – vor allem in Verbindung mit einem Pfeil – steht für einen Anstieg, einen Aufschwung oder Erfolg.

Diese Ausrichtung lässt sich ganz gut in der Teamarbeit oder bei einer Besprechung verwenden. So können Sie zum Beispiel einen Berg zeichnen, den es gemeinsam zu erklimmen oder zu bewältigen gilt (Beispiel 108). Rechts oben könnte dann das Ziel stehen, das es zu erreichen gilt.

5.4 Ungewöhnliche Materialien – Werkzeuge der Fantasie

In der Regel arbeitet man bei Flipcharts mit Stiften. Die Variationsmöglichkeiten ergeben sich durch den Einsatz von Farbe, Formen und Bildern. Hier möchten wir Sie anregen, den Denkrahmen zu erweitern und zu überlegen, mit welchen Materialien Sie noch am Flipchart arbeiten könnten.

5.4.1 Moderationskarten

Recht geläufig ist der Einsatz von Moderationskarten. Diese eckigen, runden, ovalen oder wolkenförmigen Pappkarten eignen sich nicht nur für die Pinnwand, sondern können auch am Flipchart unterstützen:

- Sie können die vorbereiteten Karten im Vorfeld mit Klebeband auf der Rückseite des Flipchartständers befestigen, so dass niemand es sieht.

- Auf diese Weise können Sie mit beschrifteten Karten Inhalte ergänzen und doch das vorbereitete Bild mehrfach verwenden.

- Befestigen können Sie die Moderationskarten auch mit einem wieder abziehbaren Kleber, den es von unterschiedlichen Firmen im Angebot gibt. Dann fällt es Ihnen ganz leicht, Ihre Flipcharts erneut zu verwenden.

- Mit unbeschrifteten Karten können Sie durch Form und Farbe Zusammenhänge, Unterschiede oder Abhängigkeiten darstellen.
- Sie können die Karten auch verschieben und dadurch Entwicklungen aufzeigen.
- Neben den oben erwähnten Standardformen der Moderationskarten werden immer neue Formen auf den Markt gebracht. So sind etwa Karten erhältlich, die den Umriss einer Person haben oder auch eines Fußabdrucks. Solche Varianten kann man in Prozessmoderationen, Teammediationen, Zielentwicklungsworkshops oder in verschiedenen Formen der Persönlichkeitsentwicklung einsetzen. Ebenso besteht die Möglichkeit, die Karten zu eigenen Formen zurechtzuschneiden.

5.4.2 „Stoffe"

Mit dem Einsatz von verschiedenen „Stoffen" können Sie Oberflächen spielerisch begreifbar machen und dreidimensional erscheinen lassen. Einige Beispiele sollen Ihre Kreativität anregen, der keine Grenzen gesetzt sind:

- Mit Stoff kann man auf einem Begrüßungsbild einen Vorhang gestalten, der sich öffnen und schließen lässt.
- Filz könnte sich zum Beispiel für die Darstellung von Wiesen oder Bäumen eignen.
- Pelz(imitat)teilchen „erwecken" ein Tier zum Leben.

5.4.3 Wollfäden/Wolle

Für Vernetzungen, Verwirrung (Chaos) oder spezielle Verbindungen lassen sich Wollfäden einsetzen:

- Wollfäden können ein Netzwerk symbolisieren, das vielleicht sogar in der Entwicklung mit der Gruppe im wahrsten Sinne des Wortes „geknüpft" wird.
- So ein Netzwerk kann in der Teamentwicklung oder auch bei Überlegungen zu Kundenbeziehungen oder zur PC-Vernetzung eingesetzt werden. Anders als bei gezeichneten Strichen muss man bei der Verwendung von Wollfäden nur die An-

fangs- und Endpunkte fixieren, so dass Korrekturen problemlos vorgenommen werden können.

- Möglicherweise kann ein Wollknäuel sogar Verwirrung symbolisieren, die sich mit der Zeit entknotet und klärt.

5.4.4 Natur-Materialien

Auch die Natur bietet einen reichen Fundus an möglichen Objekten, der zudem zu hundert Prozent recycelbar ist.

- So lässt sich im Winter ein echter Tannenzweig auf dem Begrüßungsbild verwenden, im Frühling vielleicht eine Blüte, Früchte im Sommer oder bunte Blätter im Herbst.
- Ein Schneckengehäuse oder eine Muschel symbolisieren den schüchternen Gesprächsteilnehmer,
- ein Kiesel den Stein im Getriebe und
- eine Pflanzenzwiebel die vielen Optionen, die in einer Idee stecken.

5.4.5 Alltagsmaterialien

Anregungen können wir uns überall im Alltag holen. Hier sind ein paar Ideen vorgestellt; vielleicht fallen Ihnen weitere neue Möglichkeiten ein:

- Glimmerklebestifte aus der Geschenkartikelkiste können farblich weitere Fassetten schaffen.
- Silberfolie oder Transparentfolie können Wasser, Glas oder einen Spiegel darstellen.
- Pfeifenputzer können zu Figuren werden.
- Geschenkpapier und -schleifen finden vielleicht Anwendung bei dem Thema Feedback. Damit lässt sich symbolisieren, dass Feedback als Geschenk überreicht werden kann.
- Gefaltetes Papier kann dreidimensionale Gegenstände darstellen.
- Ein Gummiband kann im Kundengespräch oder in der Teamarbeit den Geduldsfaden symbolisieren, der bis zu einem bestimmten Punkt strapaziert werden kann und danach reißt.
- Bildmaterial finden Sie unter den vielen Postkarten, die in großer Fülle und Vielfalt erhältlich sind. Tages- oder Wochenzeitschriften bieten manchmal gute Anregungen (siehe hierzu Kapitel 4.2).

All dieser Einsatz von ungewöhnlichen Materialien ist aufwändig und damit erstellte Flipcharts sind schwer wieder verwendbar. Auch wenn sie damit für den Alltag vielleicht nicht so sehr geeignet sind, können Sie diese Materialien doch in besonderen Momenten nutzen oder im Zusammenhang damit neue Ideen finden, die Ihnen jetzt noch gar nicht bewusst sind.

Halten Sie Ihre Augen offen – Sie können überall eine Bereicherung für die Gestaltung Ihrer Flipcharts finden.

6 Thematische Anregungen und Praxisbeispiele

In diesem Kapitel finden Sie Anwendungsbeispiele aus unserer Praxis. Dabei kommentieren wir die einzelnen Flipcharts und beschreiben, mit welchen Mitteln wir sie erstellt haben und welche Schwierigkeiten oder Besonderheiten es dabei gab.

Für einen Teil der Charts stellen wir mehrere Varianten vor, um Ihnen eine Auswahl zwischen unterschiedlichen Darstellungsweisen für einzelne Themen zu präsentieren.

Nehmen Sie diese Verschiedenheit als Anregung, um darüber hinaus Ihren eigenen Weg und Stil zu finden. Auch wenn die ausgewählten Themen nicht Ihrer speziellen Anwendung entsprechen, können Sie sich von Formen und Ideen inspirieren lassen.

6.1 Allgemeines

Einige Aspekte tauchen immer wieder auf, egal um welches Thema es sich dreht, egal ob für eine Besprechung, ein Seminar oder eine Moderation. Überschriften, Hervorhebungen oder auch Begrüßungen können Sie immer brauchen. Hier finden sie eine Auswahl an Grundelementen.

6.1.1 Überschriften und Hervorhebungen

Überschriften lassen sich neben der bereits beschriebenen Variation des Schrifttyps auch durch unterschiedliche Formen und Farben variieren. Die im Beispiel 53 gezeigten Überschriften sind mit Wachsmalblöcken koloriert – eine schnell zu zeichnende Variante.

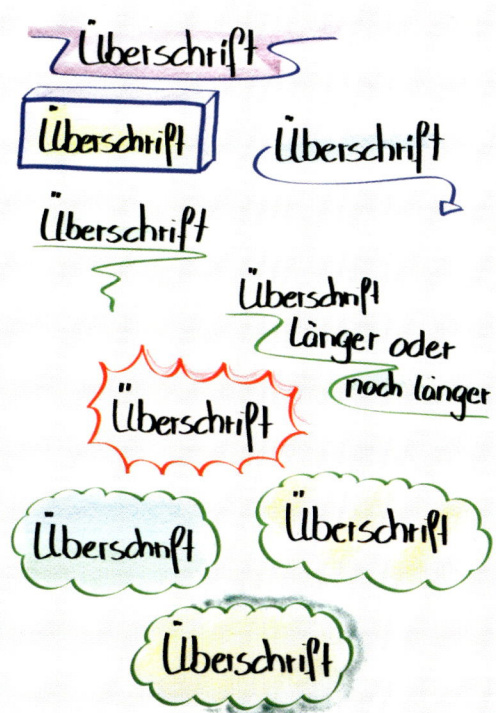

Beispiel 54 „Fenster" und „Verpackungen" für Überschriften oder wichtige Inhalte

Eine andere Möglichkeit, Überschriften zu erzeugen, ist die ebenfalls im Beispiel gezeichnete Verwendung von Blasen. Derartige Hervorhebungen sind einfach zu zeichnen, aber sehr effektvoll; diese hier sind farblich mit Blopens hervorgehoben.

Beispiel 54 zeigt Formen, die Sie mit wenigen Strichen zeichnen können und die sich ideal eignen um Inhalte oder Überschriften zu „verpacken". Diese Formen sind mit Wachsmalblöcken und ColorMarker koloriert.

6.1.2 Begrüßung

Die folgenden Beispiele zeigen Ihnen unterschiedlichste Charts zur Begrüßung in Seminaren oder zu anderen Gelegenheiten.

Beispiel 55: Ein Begrüßungschart für Modul 1 eines mehrmonatigen Lernprogramms für Projektmanager. Texte und Bild wurden mit Wachsmalblöcken farblich hinterlegt.

Beispiel 55
Begrüßungschart mit intensivem
Text- und themenbezogenen
Bildeinsatz

Beispiel 56
Einfache Form einer
Seminarbegrüßung

Beispiel 56: Die Seminarbegrüßung für ein Präsentationstraining wurde mit wenig Farbeinsatz einfach gestaltet. Der Präsentator kommt als einfaches Strichmännchen auf das Bild (die Art der Strichmännchen in diesem und im nächsten Beispiel ist übernommen aus dem Buch „Comic Zeichenkurs" von Kim Schmidt).

Beispiel 57: Dieses Begrüßungsbild stimmt ein auf ein Rhetorik-Training, gezeichnet nach demselben Prinzip wie die Figur in Beispiel 56. Die Männchen sind schnell und einfach zu zeichnen. Das ganze Bild war nach ca. 10 Minuten fertiggestellt.

Beispiel 58: Die hier gezeigte „neutrale" Begrüßung kann während der gesamten Vorweihnachtszeit eingesetzt werden, so dass die Erstellungszeit von ca. 20 Minuten gut in Kauf genommen werden kann. Das Bild des Weihnachtsmanns ist einer Clipart-Sammlung entnommen und nachgezeichnet. Das Chart ist farblich mit Wachsmalblöcken und Blopen unterlegt.

Beispiel 57   Ein sehr lebendiges Begrüßungsbild, das einfach zu gestalten ist

Beispiel 58
Situationsunabhängiges Begrüßungschart für die Vorweihnachtszeit

Beispiel 59: Bei diesem Chart steht der Seminartitel im Vordergrund, dass das dargestellte Gesicht auf einem Gehirn basiert,
erkennt man erst auf den zweiten Blick. Das Gehirn ist frei Hand

Beispiel 59
Themenorientiertes
Begrüßungschart
mit sehr unterschied-
lichen Elementen

gezeichnet, die farbliche Unterlegung mit Wachsmalblöcken erfolgt. Die Erstellungszeit beträgt ca. 20 Minuten.

Beispiel 60: Dieses ausdruckstarke Titelchart wurde mit nur vier Farben und wenigen Strichen für die Konturen erschaffen. Die Farbeffekte wurden mit Blopen erzielt. Die Hilfslinien zur Unterstützung der Schrift sind leicht zu sehen. Bemerkenswert ist auch die Anspielung auf das Wort „Model" durch die Art und Gestaltung der Frauenfigur, um die herum wesentliche Stichworte als „Aura" angeordnet sind. Ein solches Flipchart erfordert künstlerische Fähigkeiten und/oder genügend Zeit für die Erstellung.

Beispiel 61: Hier wurden die Effekte durch zwei Stifte und zwei Blopen-Farben erzielt. Beim Pusten mit dem Blopen ist der helle Innenbereich durch eine Schablone verdeckt worden. Das Wort NLP erhält durch Schatten und Speedlinien Dynamik.

Beispiel 62: Das Willkommenschart für ein Integrationstraining verspricht positive Stimmung und familiäre Atmosphäre. Dies wird erreicht mit farbiger Hinterlegung durch Wachsmalblöcke.

Beispiel 60 Dieses Einstiegschart zieht den Betrachter unweigerlich in seinen Bann

Beispiel 61
Einstiegschart mit hoher
Suggestivkraft, perfekt
passend zum Thema

Beispiel 62
Einfach gestaltetes farbiges
Willkommenschart

Beispiel 63   Komplexe Vorlage wird passend zum Thema variiert

Das aufwändige Bild in Beispiel 63 entstand nach einer Originalvorlage von Steffens. Passend zum Thema erhält jede Person eine Flipchartrolle in ihr Gepäck. Durch die Wahl der Trekkingkleidung sollen Neugierde und Experimentierfreude erzeugt werden. Die komplementären, hellen Farben sollen fröhlich stimmen und aktivieren.

Die Begrüßung in Beispiel 64 ist aus wenigen Zutaten erstellt: Ein zum Thema passender Spruch wird mit einigen Figuren garniert und mit Farbe hinterlegt. Auf diese Weise ist in kurzer Zeit ein ansprechendes Chart gestaltet.

Das Besondere in Beispiel 65 sind die Männchen, die einfach skizziert werden können, aber durch Farbe und Mimik deutlich fröhliche Emotionen für den Tageseinstieg transportieren.

Mit dezenten Farben und einfachen Strichen zeigt Beispiel 66 an, dass das Arbeiten in Gruppen oder Teams, Ordnung, Struktur und vor allem Leitung (= Überblick) benötigt, um erfolgreich zum Ergebnis zu kommen.

Beispiel 64 Ein Spruch, ein paar Skizzen und fertig ist das Begrüßungschart

Beispiel 65 Morgendliches Begrüßungsflip zu einem internationalen Teamtraining

Beispiel 66
Willkommensflip zu
einem Teamtraining

6.1.3 Agenda und Seminarüberblick

Nach der Begrüßung folgt in der Regel die Agenda oder die inhaltliche Struktur. Hier folgen nun einige Beispiele vom ersten bis zum dritten Tag.

Beispiel 67: Dieses Bild ist die Fortsetzung von Beispiel 62. Es erscheint attraktiv durch die Mischung aus handgezeichneten Blumen, einem farbigen Ausdruck aus dem Internet und durch farbige Akzente mit Wachsmalblöcken. Das Chart vermittelt eine ungezwungene Atmosphäre, wie sie für diese Veranstaltung auch gewünscht ist.

Beispiel 68: Eine Orientierung über den zweiten Seminartag in einem Präsentationstraining. Farblich gestaltet mit Eddings und Wachsmalblöcken, ist es einfach, klar und übersichtlich strukturiert. Es zeigt eine schnelle Variante, mit der sich Worte durch Bilder ersetzen lassen: ein Mund für „Antworten", ein Flipchartständer und eine Pinnwand symbolisieren das Wort „Medien".

Beispiel 69: „Unser dritter Tag" stellt einen Tagesüberblick für den letzten Seminartag in einem Diskussiontraining dar. Der

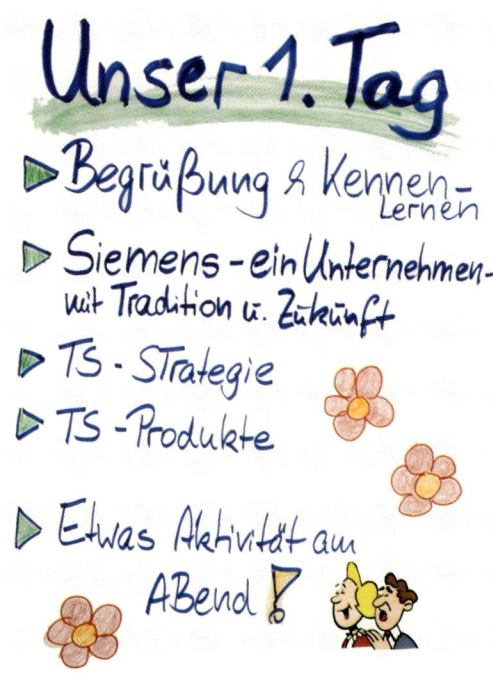

Beispiel 67 Locker gestaltetes Chart mit der Tagesagenda

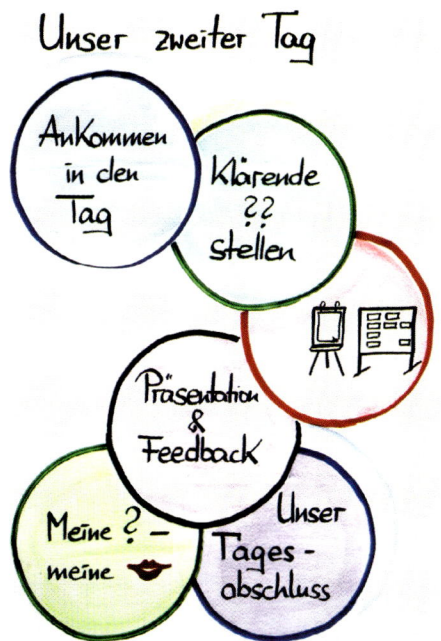

Beispiel 68
Klar gestaltetes Flipchart mit
gelegentlichem Einsatz von
Symbolen als Ersatz für Text

Beispiel 69
Der Weg als Symbol
für den Weg durch
den Tag in die Zukunft

Beispiel 70 Ansprechend gestaltete Teamworkshop-Agenda mit Wort und Bild

gezeigte Weg symbolisiert den Lernweg der Teilnehmer, der auch nach dem Seminarende weitergeht. Das Wort „Argumentationsfiguren" wird hier teilweise durch Figuren ersetzt. Die Farben entstanden mit farbigen Eddings und mit Wachsmalblöcken.

Beispiel 70: Die einzelnen Tagesordnungspunkte werden durch teils komplementäre und teils analoge Farben mit schärferer Umrandung herausgestellt. Akzentuiert werden die Schritte durch die aufheiternden Bilder.

6.1.4 Zeitorientierung

Eine exakte Zeitplanung ist ein wichtiges Element zielorientiert durchgeführter Seminare oder Workshops. Die folgenden Beispiele zeigen Ihnen mehrere Möglichkeiten zur zeitlichen Orientierung im Tagesablauf.

Beispiel 71: Dieses Chart enthält nicht nur den zeitlichen Ablauf, sondern auch zusätzliche Informationen, was in den einzelnen

Beispiel 71 Deutlich strukturierte Agenda, ergänzt um weitere Informationen

Zeitblöcken stattfindet. Dieses Chart wurde in weniger als zehn Minuten erstellt, nachkoloriert mit Wachsmalblöcken. Als grafisches Element dient lediglich eine kleine Kaffeetasse und die Pause ist rot hervorgehoben. Im Vorfeld wurde das Blatt symmetrisch aufgeteilt.

Beispiel 72: Dieses Beispiel zeigt zwei ähnlich gestaltete Charts. Die Symbole für das Chart „Unsere Seminar-Zeiten" wurden aus Hanitzsch „Zeichnen kann jeder" entnommen. Mit Wachsmalblöcken farblich hinterlegt, ergeben sie eine plastische Wirkung. Vor allem die Uhr ist aufwändig abzuzeichnen, für das gesamte Bild wurden ca. 30 Minuten benötigt. Das zweite Chart ist einfacher gestaltet. Worte sind in einfacher und schneller Form durch Bilder ersetzt; das Zeichnen des gesamten Bildes dauert mit ein wenig Übung ca. fünf bis sieben Minuten. Die Farbeffekte werden mit Wachsmalblöcken erreicht.

Beispiel 73: Die Seminar- und Pausenzeiten sind um die Uhr herum eingezeichnet. Für das Erstellen des Kreises wurde ein Stift an einen Faden gebunden, der mit einer Nadel im Mittel-

Beispiel 72 Seminarzeiten, mit Symbolen illustriert

Beispiel 73 Die Seminaruhr

6 Thematische Anregungen und Praxisbeispiele

punkt des Blattes fixiert war – ein wunderbarer Ersatz für einen Zirkel. Einen Zirkel in flipchart-, ja sogar pinnwandtauglicher Größe gibt es jedoch auch bei der Firma Neuland zu erwerben. Die Farben im äußeren Rand der Uhr sind mit Wachsmalblöcken aufgetragen, da sich mit diesen punktgenau arbeiten lässt. Die diffusere Kolorierung im Mittelteil wurde mit Blopen aufgelegt.

6.1.5 Kennenlernen

In vielen Seminaren werden kreative Methoden zum Kennenlernen eingesetzt, um Alternativen zur klassischen Vorstellungsrunde anzubieten. Viele dieser Methoden lassen sich durch entsprechende Charts unterstützen oder gar strukturieren.

In Beispiel 74 werden vier Aspekte für ein Kennenlernen abgefragt. Die Teilnehmer erhalten 15 Minuten Zeit, sich entsprechend auf eine Vorstellungsrunde vorzubereiten. Der Hintergrund ist wie ein altes Papier gestaltet, das mit Klebestreifen

Beispiel 74
Kennenlernen anhand eines Steckbriefs, der thematisch verändert werden kann

befestigt ist. Die Kernpunkte sind gelb hervorgehoben, darüber hinaus ist die Fläche mit Wachsmalblock braun schraffiert, um zu suggerieren, dass das Papier alt und verwittert ist.

In Beispiel 75 ist eine Kennenlern-Übung beschrieben, die in mehreren Smalltalk-Sequenzen hintereinander abläuft. Die einfachen „Mensch-Ärgere-Dich-Nicht"-Figuren sind in verschiedenen Farben gehalten, um zu signalisieren, dass eine bunte Mischung an Personen aufeinandertrifft. Das Bild lebt durch die Übersichtlichkeit und Reduktion auf wenige Worte. Es besteht aus vier Bausteinen: Überschrift, Grafikelement, Themen für Smalltalk durch „aufgeklebte" Zettel sowie die Übungsanweisung.

Beispiel 75
Kennenlernen im Seminar
durch Smalltalk-Situationen
wie auf einer Party

In Beispiel 76 finden sich die drei Stufen des Kennenlernens in einer dreistufigen Umrandung der Überschrift wieder. Die skizzenhaften Figuren bekommen durch ihre Mimik den notwendigen Ausdruck. Auffällig ist, dass neben den Grundfarben Schwarz und Blau ausschließlich mit Orange und Gelb gearbeitet wurde. Manchmal reicht der Einsatz von wenigen Farben, um dennoch große Wirkung zu erzielen.

Beispiel 76
Eine Vorstellungsrunde wird
in drei Schritten durchgeführt

6.2 Ziele

Workshop-, Seminar- oder Besprechungsziele: In der effizienten
Zusammenarbeit werden Ziele immer häufiger explizit formuliert. Auch zu Beginn einer Veranstaltung fördern Ziele Klarheit:
Sind alle in der richtigen Veranstaltung? Sprechen alle über dasselbe Thema?

- Während des Prozesses dienen Ziele als Ausrichtungsorien-
  tierung für Leiter und Teilnehmer. Sie stellen eine Motivation
  dar, indem sie verdeutlichen, was erreicht wurde und welche
  Wegstrecke noch zu gehen ist.

- Am Ende einer Veranstaltung ermöglichen sie einen
  Abgleich zwischen Soll und Ist: Sind wir dort angekommen,
  wo wir hinwollten?

Wir arbeiten bei allen unseren Veranstaltungen mit Zielen und
stellen hier zwei Varianten zur Darstellung des SMART-Modells
für die Zielformulierung vor, wie es etwa in einem Moderations-
training vermittelt wird (Beispiel 77).

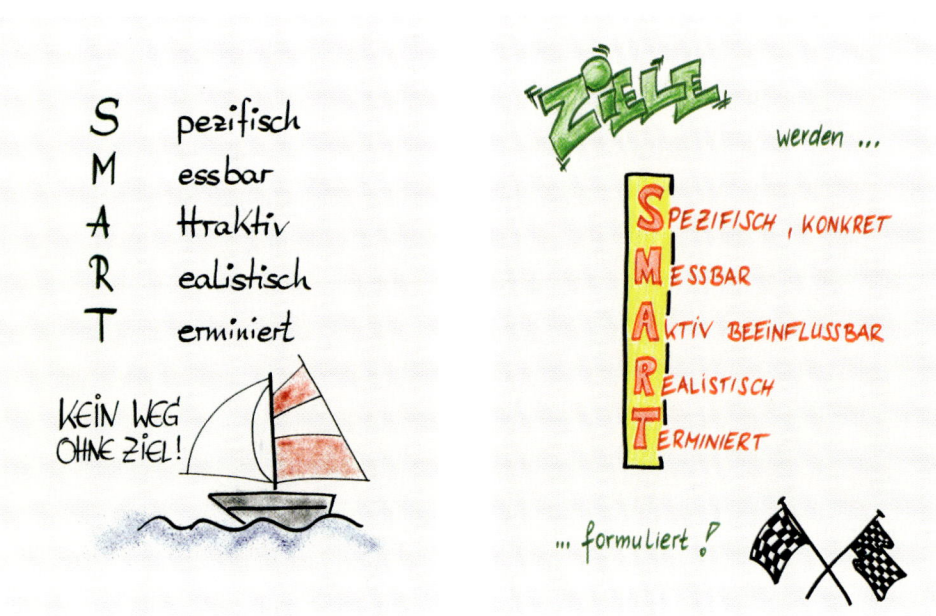

Beispiel 77   Zwei unterschiedliche Varianten zur Darstellung der SMART-Kriterien

Wirkung wird hier durch drei Komponenten erzeugt: die prägnante Schreibweise der Überschrift, die Klarheit der Darstellung und die Kolorierung durch Wachsmalblöcke. Die Erstellungszeit für solch ein Chart beträgt ca. fünfzehn bis zwanzig Minuten.

6.3 Arbeitsaufträge

Arbeitsaufträge für Gruppen- oder Einzelarbeit werden selten motivierend dargestellt – hier besteht bisher ein besonders großes Defizit. Aber auch Arbeitsaufträge lassen sich interessant und bildhaft vermitteln. Zudem könnten solche Aufträge auf ein bestimmtes Symbol „geankert" werden:

Verwenden Sie immer dasselbe aussagekräftige Symbol für einen Auftrag, und schon wissen alle Teilnehmer: „Jetzt geht es los. Jetzt sind wir dran."

Im Beispiel 78 wird eine Gruppenübung in zwei Phasen für vier bis fünf Personen bildlich dargestellt. Erklärt wird die Übung mit minimalem Textaufwand. Die Personen werden mit wenigen, aber effektvollen Strichen skizziert und der Ausdruck durch den dezenten Einsatz von Blopen verstärkt.

Beispiel 78
Ein hoch motivierendes
Einstiegschart zur
Gruppenarbeit

Beispiel 79
Ein Arbeitsauftrag,
plastisch dargestellt

Auch im Beispiel 79 wird mit geringen Mitteln hohe Wirkung
erzielt: einfache schwarze Striche und wenig Farbe. Es beschreibt
eine Übung aus der Rhetorik, in der Dauer einer Fahrstuhlfahrt
einen anderen Menschen von einem Projekt zu überzeugen.

Beispiel 80
Einteilung in Projektteams
oder Arbeitsgruppen, unterstützt durch das Chart

Beispiel 80 zeigt eine Möglichkeit, die Einteilung in Projektteams mit einem Chart zu unterstützen. Dies ist ein ansprechendes Beispiel für die Möglichkeit, Worte durch Bilder zu ersetzen. Einfache Symbole, leicht und schnell zu zeichnen, mit Wachsmalblöcken koloriert, beleben das Bild. Diese Symbole können immer wieder für die jeweiligen Projektteams und ihre Aufgaben verwendet werden.

Die Gliederung des Bildes in Beispiel 81 fällt durch die unterschiedliche Schriftfarbe direkt auf: ein kühles Blau für die Ziele und ein warmes Grün für einen „fließenden" Verlauf der Trainingssequenz.

Im Beispiel 82 soll ein Graffiti-Maler symbolisch, die Teilnehmer anregen, kreativ in einer Kleingruppenarbeit zu überlegen, was in der Zusammenarbeit gut und was schlecht läuft. Sehr charmant sind die Details bei dem Graffiti-Zeichner, wie das aus der Hosentasche hängende Taschentuch, die beiden Farbtöpfe oder dass er das Wort Graffiti nicht ganz richtig schreibt. Die kreuz und quer angelegten Farbstriche unter der Überschrift und der Arbeitsanweisung versinnbildlichen auch, dass kreatives Arbeiten durchaus ein strukturiertes Chaos benötigt.

Im Beispiel 83 wird eine Zukunftsprojektion angeregt: Der Teilnehmer eines Teamtrainings soll sich überlegen, was er gerne in zwei Jahren über das eigene Team lesen würde. Was dient dazu

Ziele:
- auf andere eingehen/einstellen
- aktiv zuhören üben
- Abgleich Selbstbild/Fremdbild

Ablauf:
- Einstieg
- Ausfüllen Einschätzungsbogen
- Gemeinsame Vorbereitung
  A → B, B → A
- Präsentation (mit Video)
  B → A, A → B Fremdeinschätzung
- Analyse
  - Einschätzungsbögen

Beispiel 81
Der Ablauf eines Vorstellungsgespräches, nach EAK
(Europäisches Aus- und Fortbildungsinstitut für Kommunikation)

Beispiel 82
Arbeitsanweisung zu einer
Gruppenarbeit zu dem Thema
„Zusammenarbeit im Team"

Beispiel 83 Arbeitsanweisung zu einer Einzel- oder Gruppenarbeit zum Thema „Teamvision"

besser als ein morgendlicher Zeitungsleser? Dieser lässt erkennen, dass etwas bereits passiert ist und unterstreicht damit, die Umsetzung der Vision. Schlicht in Schwarz-Grau gehalten, damit der Arbeitsauftrag in Rot deutlich hervortritt.

6.4 Fachliche Inputs

In diesem Abschnitt bieten wir Ideen zu wiederkehrenden Themen in Seminaren. Beispielhaft haben wir Aspekte aus Kommunikationstrainings und Workshops herausgegriffen.

6.4.1 Führung

Seminare zur Entwicklung von Führungsfähigkeiten sind zumeist Verhaltenstrainings, in denen es um Reflexion und Verhaltensänderung geht. Wie auch bei anderen Verhaltenstrainings bietet sich hier der Einsatz von Flipcharts besonders an, um Schlüsselaspekte auf den Punkt zu bringen und für die Dauer des Seminars zu visualisieren. Gerade Führungskräfte müssen viele Informationen in kurzer Zeit bewältigen. Aus diesem Grund ist es besonders wichtig, wenn einige prägnante Bilder aus dem Seminar langfristig haften bleiben.

Das Flipchart in Beispiel 84 zeigt deutlich, dass Führungspersonen in unterschiedlichen Momenten situative Führungsstile benötigen. Als die wesentlichen Kriterien sind hier das Engagement und die fachliche Kompetenz ausgewählt.

Durch den Einsatz von schlichten und dezent eingesetzten Farben soll die Entwicklungsrichtung für einen situativen Führungsstil hervorgehoben werden.

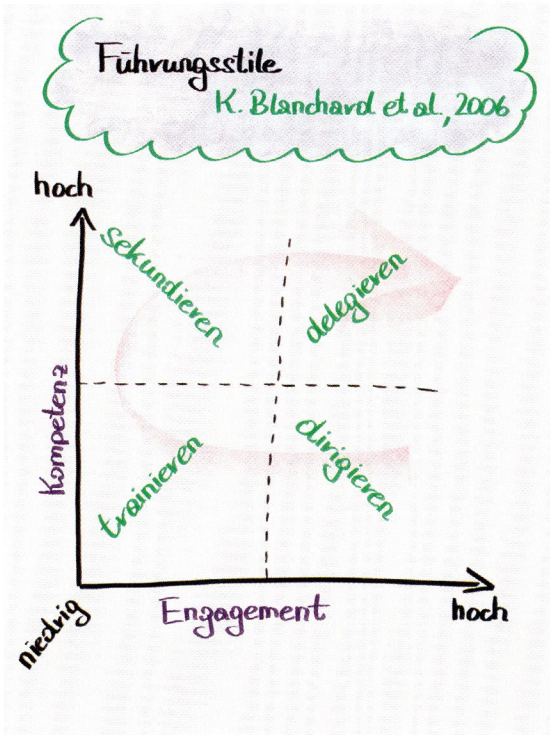

Beispiel 84
Führungsstile, nach
K. Blanchard et al.

Gerade als Führungsperson ist es wichtig, sich der eigenen Verhaltensmuster bewusst zu werden, um seine Mitarbeiter je nach Anlass und personeller Struktur unterstützen und fördern zu können.

Beispiel 85 nutzt ein Modell aus der Transaktionsanalyse. Wie auch in Beispiel 81 werden hier unterschiedliche Farben gewählt,

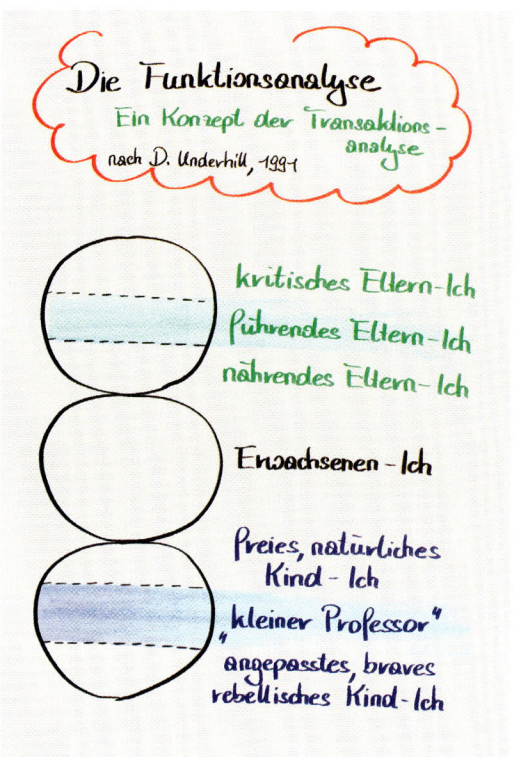

Beispiel 85 Ein Modell aus der Psychologie – Transaktionsanalyse
als Funktionsmodell nach Eric Berne

um Struktur zu geben. Durch die Farben Blau und Grün wird der inhaltliche Zusammenhang der „Ich-Zustände" unterstrichen.

Beispiel 86 zeigt, dass es eine zentrale Aufgabe von Führungspersonen ist, Informationen kurz, prägnant und verständlich an ihre Mitarbeiter weiterzugeben. Dafür müssen sie aus ihrem gesamten Wissensschatz das jeweils Relevante herausfiltern. Die Metapher des Informationstrichters in diesem Beispiel unterstützt dabei, herauszufinden, welches die wesentlichen Kernbotschaften sind.

Dieser Trichter ist großflächig auf dem Chart gezeichnet und durch wenige strukturierte Worte ergänzt. Insofern erfüllt die Darstellung des Filters seinen eigenen Anspruch, sich auf das Wesentliche zu beschränken. Die Dreidimensionalität des Trichters wird durch die stärkere Schattierung um den Trichtereinlass erreicht.

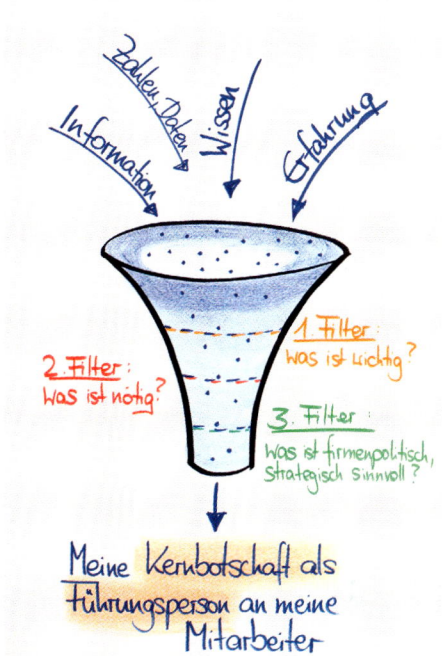

Beispiel 86
Der Informationstrichter – meine
Kernbotschaft als Führungsperson

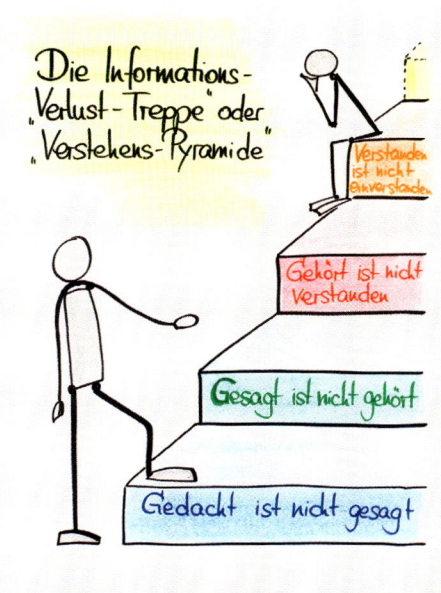

Beispiel 87
Die Informations-Verlust-Treppe

Beispiel 87: Oftmals kommt es in der Kommunikation von Führungspersonen zu ihren Mitarbeitern zu Missverständnissen, weil Informationen auf ganz verschiedenen Stufen verloren gehen. Mit diesem Wissen um den Informationsverlust ist es sinnvoll, im Vorfeld genau zu überlegen, welche Informationen beim Anderen ankommen sollen und dies durch kurze und prägnante Kommunikation sicherzustellen.

Dieser Informationsverlust ist bildlich als Treppe dargestellt. Die dreidimensionale Darstellung soll besonders den Verlust von Informationen von einer Person zur anderen unterstreichen. Sie besteht, ebenso wie die Personen, aus wenigen Strichen, die erst durch die Kolorierung zum Leben erwachen.

In Beispiel 88 kommt es vor allem auf die Symbolik an: Die Krokodile symbolisieren als fachfremder Vergleich die Anforderungen an Führungspersonen, denen sie auch in Präsentationen wieder begegnen. Eine mutige Führungsperson wagt zuerst den Weg über diesen Fluss, in dem viele Gefahren lauern. Eine andere Führungsperson überlegt sich unterdessen wohl, was ein sinnvol-

Beispiel 88 Gemeinsame Anforderungen an Führen und Präsentieren

ler nächster Schritt wäre. So regen wir an, Bilder in Trainings auch symbolisch zu verwenden – als Einstieg in eine Diskussion mit den Teilnehmern.

Die linke Seite in Beispiel 89 zeigt Schritte einer Konfliktmoderation durch eine Führungskraft. Auf der rechten Seite wird jeder Schritt durch eine Grafik unterstützt. Die Hauptaussagekraft entsteht dabei durch die Wahl der Mimiken. Da sich die Grafiken auf der rechten Seite anfangs optisch nicht voneinander abhoben, wurde der Raum zwischen den zusammengehörenden Köpfen gelb hinterlegt. Durch diesen farblichen Rahmen sind fünf Einzelbilder entstanden, die sich klar voneinander abheben.

In Beispiel 90 wird das komplexe psychologische Thema des inneren Teams oder der inneren Anteile veranschaulicht. Ohne viel erklärenden Text sprechen die Bilder für sich: Einfache Mimiken und Körperhaltungen bringen die Hauptaussagen auf den Punkt. Die Überschrift und Unterschrift sind in derselben Farbe gehalten und grenzen das Bild dadurch ein. Im Mittelfeld sind die Kernaussagen hell hervorgehoben und doch durch das blaue Feld miteinander verbunden. Die roten Pfeile symbolisieren Beziehungen und Einflüsse.

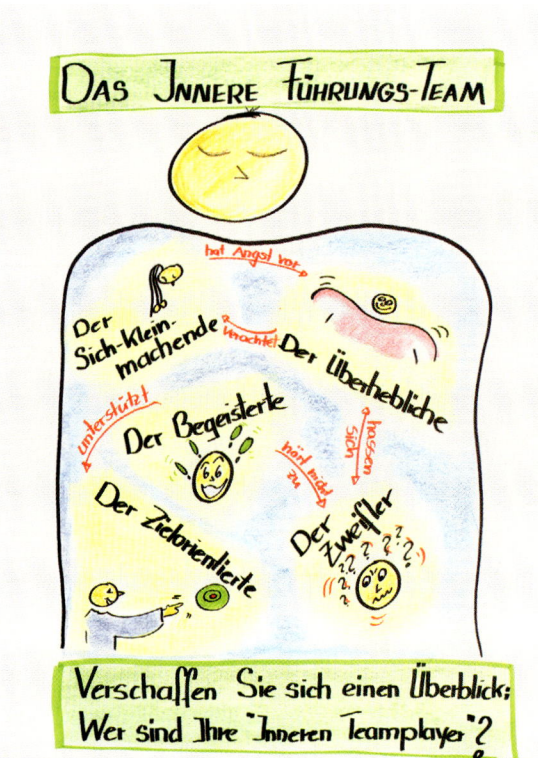

Beispiel 90
Einleitung ins Thema und
Arbeitsauftrag in einem
(nach Prof. Dr. Friedemann
Schulz von Thun)

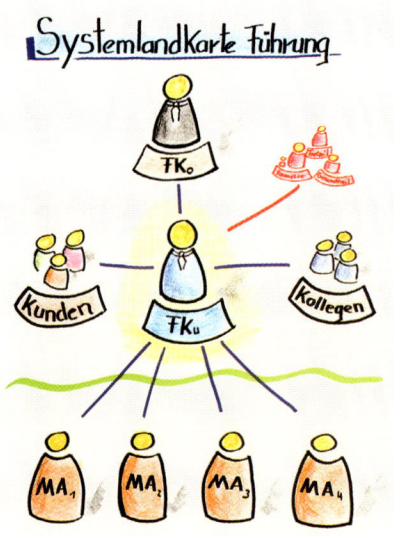

Beispiel 91
„Mensch-Ärgere-Dich-Nicht"-Figuren sind
schnell zu zeichnen und aussagekräftig

6 Thematische Anregungen und Praxisbeispiele

Beispiel 91 stellt die Abhängigkeiten dar, in denen sich eine Führungskraft befindet. Die leicht zu zeichnenden „Mensch-Ärgere-
Dich-Nicht"-Figuren zeigen verschiedene Bezugsgruppen und
Hierarchien. Die Hauptfigur steht im Zentrum und hebt sich
farblich von den anderen ab. Die kleine Gruppe „Familie,
Gesundheit, Freizeit" trifft absichtlich eine Doppelaussage: Sie ist
rot gezeichnet, weil sie wichtig ist, rückt aber klein in den Hintergrund, weil die Gefahr, dies aus dem Auge zu verlieren, für viele
Führungskräfte groß ist.

6.4.2 Kommunikation

Beispiel 92 zeigt drei Möglichkeiten zur Gestaltung des immer   Eisbergmodell
wieder in verschiedenen Varianten verwendeten Eisbergmodells,
hier gestaltet von unterschiedlichen Autoren:

- Wachsmalblöcke, dick aufgetragen, erzeugen starke farbliche
  Kontraste (oberes Bild). Deutlich ist zu sehen, wie wunderbar
  mit Eddings, dick aufgetragen, leuchtende Farben erzeugt
  werden können.
- Viel leichter wirkt der Eisberg, wenn er mit Blopens erschaffen wird (links unten); hier ist er eventuell sogar farblich zu
  schwach hinterlegt.
- Vier Farben (schwarz-blau-rot-gelb) und zwei einfach zu
  zeichnende Symbole (Sonne und Pinguin) sind prägende
  Stilmittel des dritten Bildes. Die Kapitälchenschrift ist unge-
  wöhnlich und prägnant. Zur Farbgebung wurden Wachsmalblöcke verwendet.

Beispiel 93 zeigt ein Chart zum Thema „innere Konflikte". Eine   Wut und Ärger
Person kämpft innerlich mit seinen Gefühlen wie Wut, Angst und
Aggression. Hier wird mit Schatten und Bewegungslinien eine
Bewegung erzeugt, die ganz intensiv diese Gefühle zum Aus-
druck bringt. Besonders wirkungsvoll und ansprechend wird das
Bild durch die farbige Hinterlegung mit Wachsmalblöcken. So
werden die Phasen einer inneren Konfliktsituation besonders
deutlich.

Um sich die Feedbackregeln leicht einzuprägen, können die ein-   Feedback
zelnen Schritte in Bildern ausgedrückt werden (Beispiel 94). Die
Frau gibt dem Mann zu seiner Präsentation Feedback:

- Sie teilt ihm ihre Wahrnehmung (Fernrohr) mit.
- Sie interpretiert (Fragezeichen in der Gedankenschleife)
  ihre Wahrnehmung.

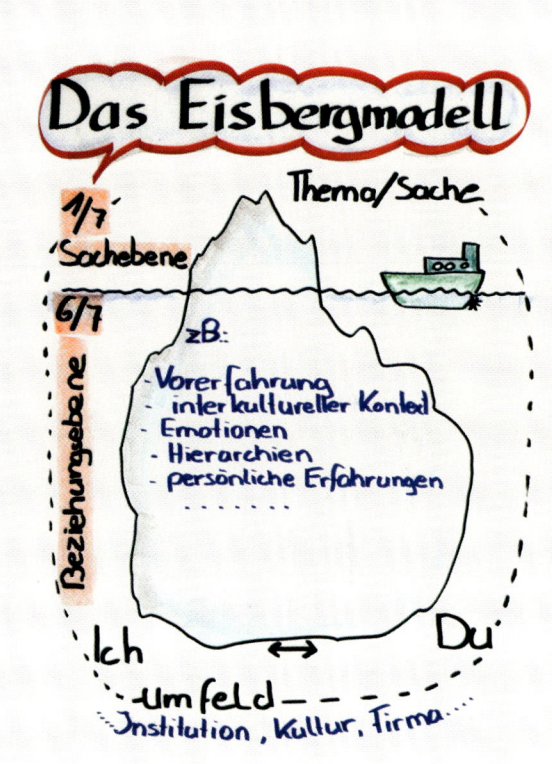

Beispiel 92
Verschiedene Möglichkeiten,
das Eisbergmodell
grafisch darzustellen

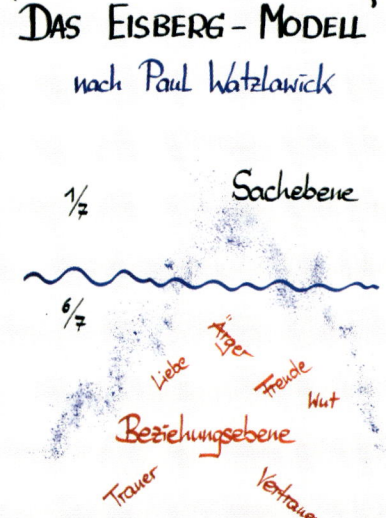

Beispiel 93 Darstellung von Gefühlen wie Wut und Ärger, die zu zwischenmenschlichen Konflikten führen können

- Sie teilt ihm ihre Gefühle (Herz) dazu mit.
- Und wünscht sich (Geschenk) anschließend von ihm eine Verhaltensänderung.

Dieses Chart ist von einem Profi als Auftragszeichnung erstellt und zur langfristigen Nutzung laminiert worden.

In Beispiel 95 ist das Thema „Aktiv zuhören" mit Hilfe einer Figur dargestellt, die „Nachdenken", „Überlegen", „Rätseln" und im Weitesten auch das „Lernen" symbolisiert. Diese Figur ist frei Hand gezeichnet und mit Wachsmalblöcken koloriert. Das Bild ist in ca. 15 bis 20 Minuten fertig und lädt dazu ein, es immer wieder zu verwenden.

Aktiv zuhören

Mit einem Blick soll der Betrachter mit dem in Beispiel 96 gezeigten Chart die vier Seiten einer Nachricht nach Prof. Dr. Friedemann Schulz von Thun erfassen. Deshalb wurde ein leicht einprägsames Gesicht gewählt, das freihändig gezeichnet wurde. Der Aufwand dafür beträgt ca. 15 Minuten. Die vier Seiten sind mit je einer typischen Farbe charakterisiert: blau = Sache, rot = Appell, grün = Beziehung, gelb = Selbstkundgabe.

Die vier Seiten
einer Nachricht

Beispiel 94
Bildliche Darstellung
der Feedbackregeln

Beispiel 95
Die Technik des aktiven Zuhörens
anschaulich und prägnant dargestellt

6 Thematische Anregungen und Praxisbeispiele

Appell-
Ohr

Beziehungs-
Ohr

Sach-
Ohr

Selbstkundgabe-
Ohr

"Die vier Seiten einer Nachricht"
nach Prof. F. Schulz von Thun

Beispiel 96
Die vier Seiten einer Nachricht
(das 4-Ohren-Modell)

Beispiel 97 auf der nächsten Seite zeigt weitere Beispiele für generelle Gestaltungselemente:

- Mit einfachen Skizzen wird im oberen Chart ein prägnantes Szenario dargestellt: Die Mauer symbolisiert die Zusammengehörigkeit des Teams. Wenige Farbakzente aus dem Blopen lenken die Aufmerksamkeit. An einigen Stellen wurden Schablonen eingesetzt, um die Streuung des Blopens gezielt zu lenken.

- Erzeugen von Wirkung durch Kontraste (links unten): Gewählt wurden die Extreme schwarz und rot sowie sehr große und sehr kleine Formen; dadurch wird die Aussage fokussiert. Dies ist ein gelungenes Beispiel sowohl dafür, Inhalte in einem Bild darzustellen als auch für die Aussage „Weniger ist mehr".

- Gezielter Einsatz verschiedener Größen und differenzierter Mimik sowie Herausarbeitung des Unterschieds zwischen nahen, realen Dingen und diffusen Schatten (rechts unten). In diesem Chart wird das innere Panorama in einer Konfliktsituation visualisiert.

6.4.3 Mediation und Konfliktlösung

Besonders wertvoll ist das Arbeiten mit Bildern in Konflikten und Konfliktlösungsprozessen. Da viele Menschen in Konfliktsituationen in (negativen) Emotionen gefangen sind, sind sie rein kognitiv schwer zu erreichen. Bildlich dargestellte Sachverhalte oder Metaphern lösen nicht nur ein logisches, sondern auch ein emotionales Verstehen sowie (positive) Emotionen aus, die es ermöglichen, die Strukturen des Konfliktes zu reflektieren oder gar zu verlassen.

Beispiel 98
Sach- und Beziehungs-
ebene in Konflikten

Beispiel 98 drückt die Unterschiedlichkeit von Menschen durch sehr unterschiedliche Tiere wie Hund und Pelikan aus. Die beiden sind detailgetreu und humoristisch gezeichnet und doch sprechen ihre Gesichter Bände über ihre Emotionen. Damit bildet dieses Chart eine wunderbare Einleitung in das Thema Konflikt, bei dem es immer darum geht, sowohl auf die Sach- als auch die Beziehungsebene zwischen Menschen zu schauen. Durch Schattenumrahmung der Überschrift und des wichtigen Teils des Textes werden Schwerpunkte für den Betrachter geschaffen.

Wir sprechen manchmal vermeintlich von demselben Thema, allerdings haben wir völlig unterschiedliche Vorstellungen dazu im Kopf. Auch in Beispiel 99 wird mit Symbolen gearbeitet, die der starke farbliche Kontrast noch unterstreicht.

Beispiel 99 Mit Konflikten umgehen

Im Beispiel 100 ist die Anleitung zu einer Gruppenarbeit dargestellt. Die (Eigen-)Dynamik, die bei Konflikten entsteht, wird durch angedeutete Speedlinien dargestellt. Der schwungvolle und gebogene Text verstärkt den Eindruck zusätzlich.

Beispiel 101 erklärt die einzelnen Schritte, um konstruktiv und zielorientiert zur Lösung eines Konflikts zu gelangen. Die Dynamik, die dabei entstehen kann, wird durch die Anordnung der

Die in der Abbildung handschriftlich gezeichneten Texte:
Welche Konflikte erlebe ich?
Wie gehe ich bislang damit um?
Wie geht es mir dabei?
Was konkret möchte ich dazu umlernen?

Beispiel 100
Ideen zur Konfliktlösung

einzelnen Schritte in Kreisform und die bogenförmig angeordnete Überschrift unterstrichen.

Beispiel 102 stellt zwei Konfliktarten einander gegenüber. Die
Hauptwirkung entsteht durch die konsequente Verwendung der
Komplementärfarben gelb/rot auf der einen und blau auf der
anderen Seite. Die Strichführung im „heißen" Bereich ist dyna-
misch und voller Bewegung, im „kalten" Bereich hingegen ruhig
und starr. Trotz der wenigen Worte, die die geschaffene Atmosphäre durch Farben und Formen ergänzen, ist das Bild aussage-
stark. Die Kolorierung wurde komplett mit Wachsmalblöcken
hergestellt.

Beispiel 103 zeigt sieben Facetten der Rolle eines Mediators.
Jeder Begriff wird durch ein Bild ergänzt, um die Aspekte einprägsam darzustellen. Die Entwicklung dieses Bildes hat recht
viel Zeit in Anspruch genommen. Zuerst musste zu jedem der
Prinzipien eine „Übersetzung" in ein Bild gefunden werden. Im

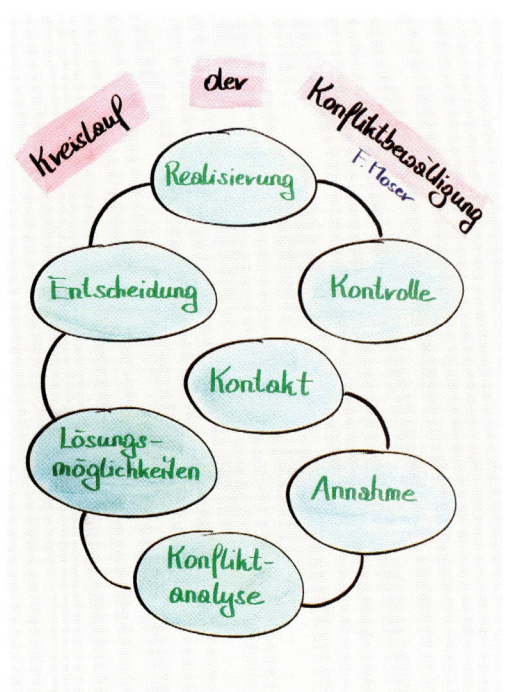

Beispiel 101
Kreislauf der Konflikt-
bewältigung

Beispiel 102
Komplementärfarben
unterstützen polarisie-
rende Aussagen

6 Thematische Anregungen und Praxisbeispiele

Beispiel 103
Kompakte Visualisierung
von sieben Prinzipien
auf einem Chart

zweiten Schritt wurden die Themenblöcke symmetrisch auf dem Blatt verteilt, bevor es ans eigentliche Skizzieren ging. Für den gleichmäßigen Bogen der Schrift haben wir einen Kuchenteller als Schablone verwendet. Alle Figuren sind frei Hand gezeichnet, da sie sich aus einfachen Grundformen zusammensetzen. Der hohe Erstellungsaufwand für dieses Chart hat sich dennoch gelohnt, da es langfristig verwendet und zukünftig leicht abgezeichnet werden kann. Zudem stehen damit gleichzeitig sieben Symbole zur Verfügung, die einzeln auch in anderen Kontexten Verwendung finden können.

6.4.4 Projektmanagement und Zusammenarbeit im Team

Beispiel 104 zeigt eine Übersicht über Projektkriterien in Form einer Mind Map. Um die Übersicht zu unterstreichen, ist jeder Ast in einer anderen Farbe gehalten und gleichzeitig die Umrandung noch einmal dick mit einem Wachsmalblock hervorgehoben.

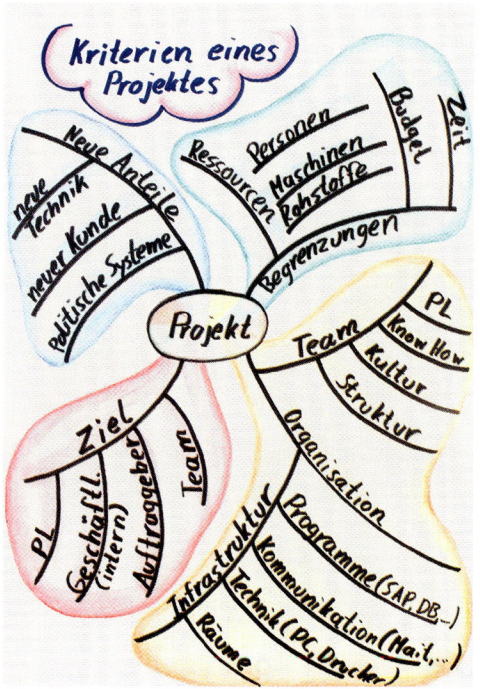

Beispiel 104 Komplexe Übersicht über die Kriterien eines Projektes

Für das Beispiel 105 haben wir auf einen Vergleich aus der Tierwelt zurückgegriffen: Um deutlich zu machen, wie wichtig es ist, komplexe Projekte in kleine Arbeitspakete zu zerteilen, wurde hier die eingängige Metapher eines Elefanten gewählt. Der Elefant im Mittelpunkt besteht aus einer einfachen Form, die durch Schattierung dreidimensional wirkt. Die Überschrift ist in diesem Fall als Gedankenblase dargestellt.

Beispiel 106 bezieht sich auf die Bedeutung der Risikoanalyse, die in Projekten meist unterschätzt und damit sehr häufig vernachlässigt wird. Dies hat starke Konsequenzen auf das Projektziel und -budget. Um für dieses wichtige Thema in Projekten zu sensibilisieren, haben wir in diesem Bild besonders Wert darauf gelegt, kleine Details ansprechend zu zeichnen, damit Projektmitarbeiter Lust haben, genauer hinzusehen! Dieses Bild war sehr zeitaufwändig zu zeichnen.

Das Beispiel 107 besticht durch Struktur, Einfachheit, korrekte Formen, aber vor allem durch seine zeichnerische Ausgestaltung der einzelnen Projektplanungsschritte. Künstlerisch wird es durch die Schattierung der Überschrift, der schattenhaften Umrahmung der einzelnen Projektschritte und die gut aufeinander

Beispiel 105
„Elefanten-Projekte" in
verdauliche Einheiten zerlegen

Beispiel 106
Vom Regen in die Traufe –
Risikoanalyse

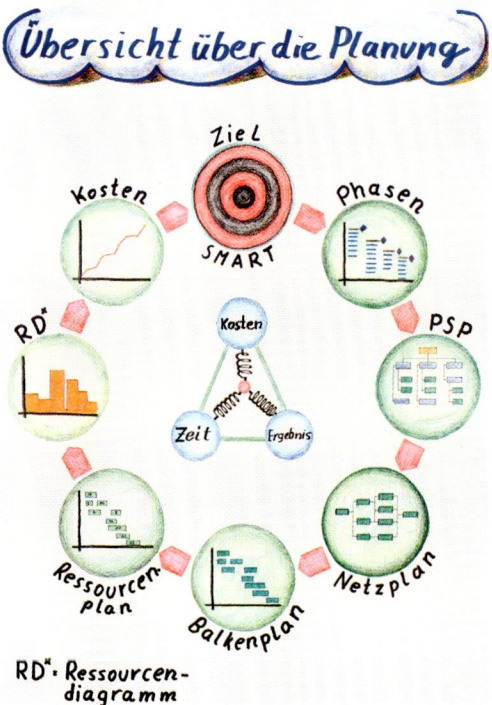

Beispiel 107 Künstlerisch gestaltete Übersicht über die Projektplanung

abgestimmte farbliche Gestaltung. Das Bild enthält sehr komplexe Informationen zur Projektplanung und gleichzeitig zeigt es die wesentlichen Kriterien auf einem Flipchart. Die Kreise wurden mit Hilfe einer runden Moderationskarte gezeichnet. Die Gesamtsymmetrie wurde erreicht, indem ein großer Kreis nach den Rasterkästchen des Flipcharts konstruiert wurde.

Ein markanter, roter Pfeil und die beiden Menschen (Handwerker und Ingenieur) im Beispiel 108 drücken aus, dass die Entwicklung einer Gruppe zu einem Team harte Arbeit ist und stetige Aufmerksamkeit erfordert. Zudem sind die wesentlichen Teile der Teamdefinition in „roter Schrift" betont, um sie sich besser zu merken.

Die Teamentwicklungsphasen nach Tuckman werden im Beispiel 109 sehr bewusst nur in Bildern und nicht in Worten zum Ausdruck gebracht, um auf einen Blick die Unterschiede der Phasen zu bekräftigen. Die „Fragezeichen" drücken Unsicherheit, Orientierung und Kennenlernen aus, während die „Blitze" eindeutig auf Gewitter und stürmische Atmosphäre im Team hinweisen. Die „Paragraphen" symbolisieren hier Normen, Regeln, Gesetze,

Definition

Ein *erfolgreiches* Team ist

eine *aktive* Gruppe von Menschen,

die sich auf *gemeinsame Ziele*
verpflichtet haben,

harmonisch zusammenarbeiten,

Freude an ihrer Arbeit haben und

hervorragende Leistungen bringen !

Beispiel 108
Unterschied einer Gruppe
zu einem Team

Teamphasen

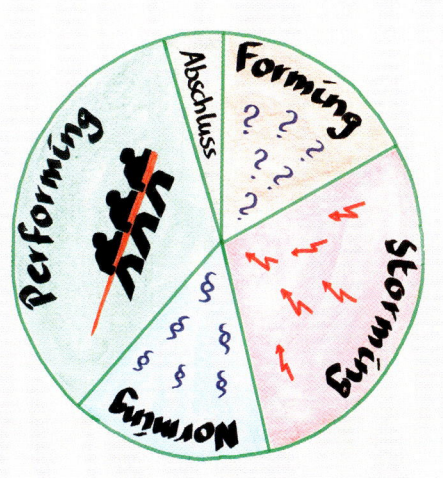

Beispiel 109
Entwicklung eines Teams
nach den Teamentwicklungsphasen von Tuckman

die ein Team benötigt, um zielorientiert nach der stürmischen Phase zusammenarbeiten zu können. Der „steile Berganstieg mit Kletterseil" bekräftigt, dass ein Team in der Performing-Phase alle Hürden gemeinsam meistern kann.

Beispiel 110 zeigt, wie ein Team z. B. durch den Projektleiter mit Teambildungsmaßnahmen angeregt werden kann, sich schnell zu entwickeln, um möglichst flott in die Performing-Phase (siehe Beispiel 109) zu gelangen. Die chaotische Anordnung der Bremer Stadtmusikanten macht deutlich, dass das Team noch nicht optimal aufgestellt und organisiert ist. Eine wunderbare und detailgetreue Zeichnung.

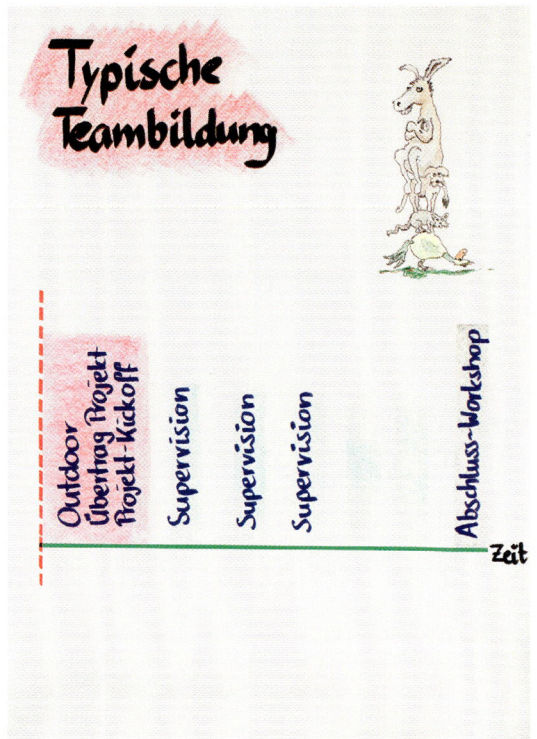

Beispiel 110
Die Bremer Stadtmusikanten
als Symbol für eine typische
Teambildung

Ein Team kann noch so erfahren in Projektarbeit sein. Häufig sind es immer wieder die gleichen Fehler, die passieren und den Projekterfolg gefährden. So zeigt Beispiel 111 auch Kletterer, die trotz aller Vorsichtmaßnahmen in eine (Projekt-)Falle geraten und sich nur unter mühsamer Anstrengung „retten" können (nach Steffens). Diese sehr ausdrucksstarke Symbolik soll einfühlsam in das Thema der Erfolgsfaktoren im Team einführen. Betont wird

dies durch den kräftigen Einsatz von Farbe durch Wachsmalblöcke. Das Bild dauerte ca. eine Stunde in der Umsetzung, aber die
Freude, die beim Malen entstanden ist, wird auch den Betrachter
anstecken.

6.4.5 Schematische Darstellungen und Regelkreise

Fachliche Inhalte werden in der Regel mit dem Beamer präsen-
tiert. Damit ist es kaum möglich, diesen Bildern eine persönliche
Note zu geben, außerdem ist die Distanz zu den (in der Regel)
Workshopteilnehmern sehr groß und eine Präsentation in hellen
Räumen ist nur begrenzt möglich.

Beispiel 112 zeigt analog zu Beispiel 3 am Anfang des Buchs drei
Möglichkeiten, wie in Workshops technische bzw. fachliche
Inhalte mit einfachen Mitteln auf einem Flipchart dargestellt
werden können. Alle Charts wurden farblich mit Wachsmalblöcken hinterlegt. Diese Zeichnungen eignen sich sehr gut, um
sie Schritt für Schritt mit Ihren Gesprächspartnern zu entwi-

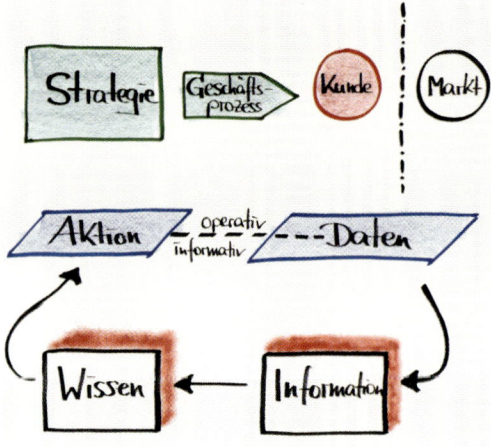

Der betriebswirtschaftliche Regelkreis

Beispiel 112
Drei verschiedene Möglichkeiten zur Darstellung
fachlicher Inhalte

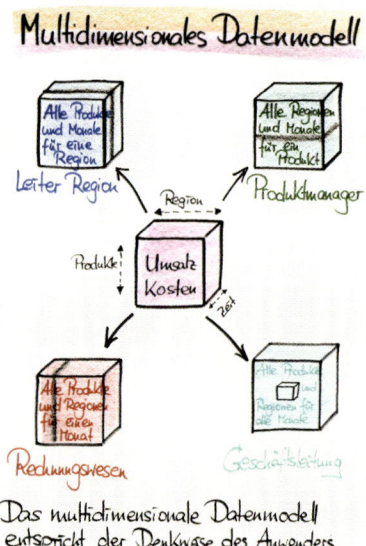

Multidimensionales Datenmodell

Das multidimensionale Datenmodell entspricht der Denkweise des Anwenders.

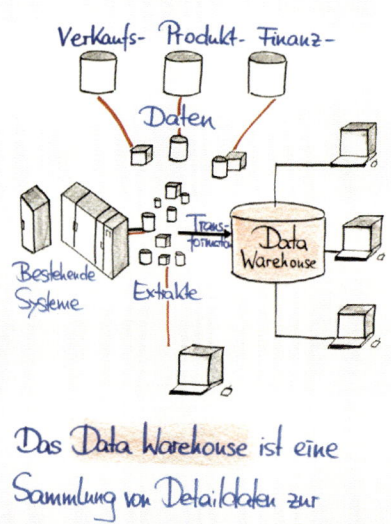

Das Data Warehouse ist eine Sammlung von Detaildaten zur Unterstützung effektiver Entscheidungen.

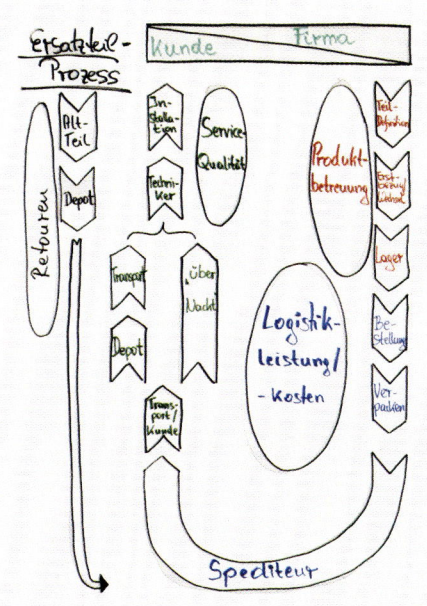

Beispiel 113
Darstellung eines Prozesses in
zwei verschiedenen Varianten

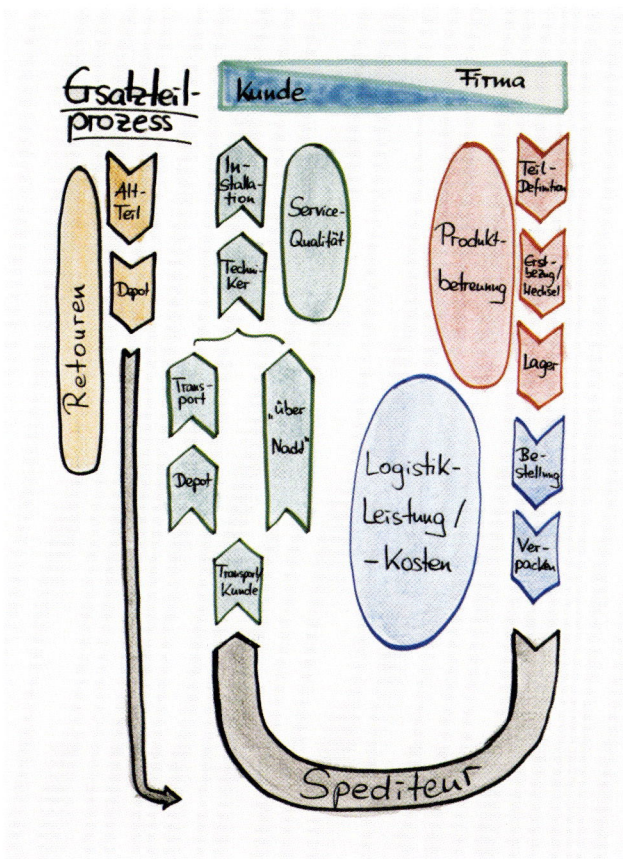

ckeln. Wichtig dabei ist allerdings, dass man sich bereits zu Beginn über die optimale Raumausnutzung auf dem Flipchart bewusst ist, damit nicht die letzten Elemente auf das Chart „gequetscht" werden müssen.

Ein ähnliches, aber komplexeres Bild zeigt Beispiel 113, einen Ersatzteil-Prozess. Für die Gestaltung des Flipcharts sind etwa 20 bis 30 Minuten zu veranschlagen, bis die Blatteinteilung schließlich passt. Wegen dieses Aufwands ist es bei diesem Bild besser es vorzubereiten als es zu entwickeln. Wenn das Bild aber im Workshop entwickelt werden soll, ist es empfehlenswert, vorab mit Bleistiften die Maße vorzubereiten. Die farbliche Wirkung wurde mit unterschiedlichen Stiftfarben erzielt. Das Chart wirkt ansprechender und einprägender, wenn die einzelnen Felder mit Wachsmalblöcken gestaltet werden.

Hier gäbe es zudem die Möglichkeit, die Felder vorzubereiten und nur die Beschriftung gemeinsam mit den Workshopteilnehmern zu entwickeln.

6.4.6 Zeitmanagement

Ein Thema, das sich in vielen überfachlichen Trainings wiederfindet und heutzutage eine größere Rolle denn je spielt, ist das Zeitmanagement.

Beispiel 114
Zeitmanagement ist
Selbstmanagement

Auch in diesem Themenblock ist es empfehlenswert, wesentliche Aussagen bildhaft „mitzugeben", so dass Sie trotz der Wirren des Tagesgeschäfts haften bleiben. Im Folgenden finden Sie Anregungen zu prägnanten Säulen des Zeitmanagements.

Die große Uhr in Beispiel 114 symbolisiert: Es ist „Zeit, sein Leben selbst in die Hand zu nehmen", indem man seine Zeit optimal nutzt. Der Wecker klingelt sogar, um „aufzuwecken". Die Dringlichkeit wird auch hier wieder mit Komplementärfarben, die kräftig mit Wachsmalblöcken aufgetragen sind, unterstrichen.

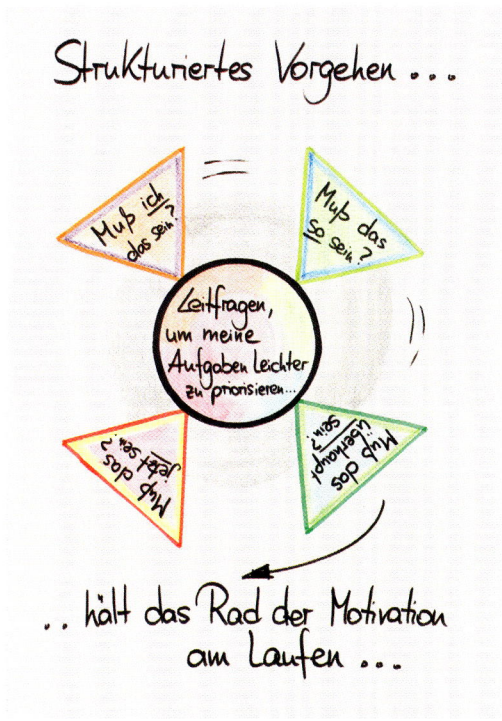

Beispiel 115
Priorisieren von Aufgaben

Mit Schatten und Bewegungslinien bekommt Beispiel 115 eine besondere Wirkung. Das Rad der Arbeitsaufgaben durch strukturiertes Vorgehen zu beschleunigen, leistet vor allem gute Dienste, die eigene Arbeitsmotivation zu steigern.

Das Beispiel 116 ist angelehnt an die Parabel „Der Krug und die Steine" aus „Moderne Parabeln" 2008, frei nacherzählt von Ulrich Thöne und drückt sehr deutlich aus, wie jeder für sich selbst entscheidet, wie er seine Lebenszeit verbringen will. Der

Beispiel 116
Der Krug und die Steine

Beispiel 117
Darstellung eines Zeitmanagement-
Prinzips durch eine thematisch
passende Schrift-Bild-Kombination

6 Thematische Anregungen und Praxisbeispiele

Vergleich zwischen „der Krug ist sehr schnell voll" mit „meine Lebenszeit ist sehr schnell mit Unwesentlichem gefüllt" wird unterstützt durch die Komplementärfarben Gelb und Blau.

In Beispiel 117 wird die klassische Richtung von links nach rechts in Spalten aufgebrochen: Der Titel steht oben und von dort rollt sich das Chart nach unten auf. Der Titel „ALPEN" ist doppelt visualisiert: durch die schemenhafte Skizze links oben und den Schnee auf den (Berg-)Spitzen jedes Buchstaben. Das Chart ist – passend zu winterlichen Alpen – in Blau gehalten, nur das braune Holzbrett des Untertitels sowie die kleinen Zeichnungen weichen hiervon dezent ab, um farblich ins Auge zu springen.

Sachliche Definitionen sind häufig schwer zu merken. Aus diesem Grund wird in Beispiel 118 besonders Wert darauf gelegt, mit einem witzigen und humorvollen „Zeitdieb" das Behalten bei den Teilnehmern zu fördern. Der satte Einsatz von Komplementärfarben kennzeichnet die Dramatik, die Zeitdiebe auf die zeitliche Planung von Aufgaben haben.

Die farbige Markierung der Aufzählungszeichen lockert die sachliche Aufzählung in Beispiel 119 auf. Hinzu kommt die humorvolle Gestaltung des Zeitdiebes.

Beispiel 118 Die Zeitdiebe

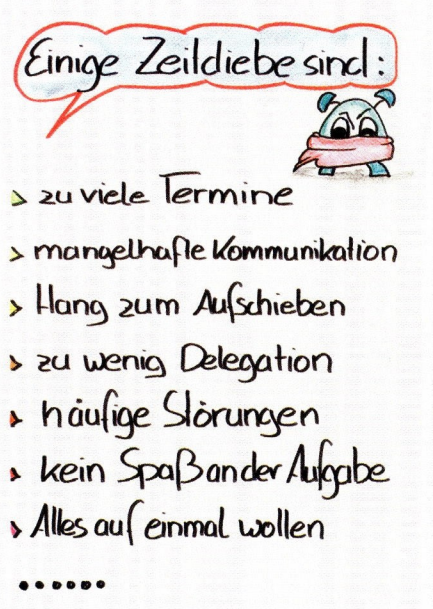

Beispiel 119 Mögliche Zeitdiebe

Beispiel 120
Übertragen einer fachfremden
Metapher auf das psychologische
Thema „Aufschieben"

Beispiel 121
Mit wenigen Strichen
und Farben ein aussage-
kräftiges Chart schaffen

6 Thematische Anregungen und Praxisbeispiele

Beispiel 120 setzt die Metapher der Tablette ein, da viele Menschen auch komplexe Probleme gerne durch das Schlucken einer Tablette lösen würden. Die Metapher beginnt in der Verpackung der Überschrift und setzt sich im Inhalt fort. Jeder inhaltliche Aspekt wird durch eine Visualisierung unterstützt. Die dominierende Farbe ist Rot, unterstützt durch den schlichten Gegenspieler Grau. Um die Überschrift dreidimensional korrekt abzubilden, diente eine echte Verpackung als Vorlage.

Beispiel 121 ist eine Einführung in das Thema Lebenshüte und Arbeitsauftrag zugleich. Durch die unterschiedlichen Farben wird ausgedrückt, dass mit jedem Hut verschiedene Anforderungen verbunden sind. Die Größe und Position der Hüte zum Zentrum können eine Aussage über deren Wertigkeit für die entsprechende Person treffen. Da die Hüte farblich sehr dominant sind, ist der Rest des Charts schlicht gehalten. Die Grundformen sind einfach, leicht zu zeichnen und wurden „frei Hand" erstellt.

6.5 Maßnahmenliste

Vor allem in Workshops und Besprechungen sollten Maßnahmen für alle sichtbar schriftlich festgehalten werden, damit gute Pläne auch realisiert werden. Natürlich ist es gut, die Maßnahmenliste gut lesbar zu schreiben, aber in der Regel werden die Teilnehmer solche Maßnahmenlisten nach der Veranstaltung als sogenannte Handouts oder als Protokoll bekommen – entweder noch einmal abgeschrieben oder in Form eines Digitalfotos. Der Zwang zur optimal lesbaren Schrift bleibt somit erträglich.

Beispiel 122 zeigt nun drei verschiedene Varianten der Maßnahmenliste:

* Das eine Bild zeigt eine einfache Aufgabenverteilung; drei Personen übernehmen je einen Teil der zu erledigenden Aufgaben.

* Das gleiche Bild wird durch wenige farbliche Nuancen viel ansprechender und der Teilnehmer prägt sich damit die Inhalte leichter ein.

* Das dritte Bild zeigt Ergebnisse eines Meetings, wie sie häufig am Flipchart mitvisualisiert werden, damit alle Besprechungsteilnehmer ihr Verständnis prüfen können. Dieses Bild hat eine deutlich komplexere Struktur als die beiden anderen Bilder und so wäre es hier ganz besonders hilfreich, das Bild entsprechend dem vorherigen Beispiel farblich zu gestalten.

Jour Fix
Abteilung „Logistik 1.
04.04.2005

Aufgabenverteilung

1) Herr Meyer erstellt Scorecards bzgl.
   Lieferperformance für alle EU-Staaten
   bis zum .....

2) Frau Müller lädt Experten zum
   Thema „Netzwerk-Steuerung" zum nächsten
   Jour Fix am ..... ein

3) Herr Schmitt gestaltet einen Fragebogen
   zum Thema „Kundenzufriedenheit" und
   präsentiert eine Entscheidungsvorlage
   am .....

Jour Fix
Abteilung „Logistik 1·
04.04.2005

Aufgabenverteilung

1) Herr Meyer erstellt Scorecards bzgl.
   Lieferperformance für alle EU-Staaten
   bis zum .....

2) Frau Müller lädt Experten zum
   Thema „Netzwerk-Steuerung" zum nächsten
   Jour Fix am ..... ein

3) Herr Schmitt gestaltet einen Fragebogen
   zum Thema „Kundenzufriedenheit" und
   präsentiert eine Entscheidungsvorlage
   am .....

INTENSIVIERUNG DER ZUSAMMENARBEIT AUF DEM GEBIET DER LOGISTIK

Ergebnisse des Meetings vom .....

- Vereinbarung zur Kooperation
- Nächste Schritte

  ○ Zum wechselseitigen Austausch über
    die internen Prozesse ...

    L Herr „A"/Firma „A" trifft Herrn „B"/
      Firma „B" (Thema Lagerhaltung)
      am .....
    L Herr „B"/Firma „A" trifft Herrn „C"/
      Firma B (Thema Netzwerke)
      am .....

  ○ Präsentation der Gruppenergebnisse
    am .....
  ○ Steering Committee beschließt weitere
    Kooperationsinhalte am .....
  ○ Entscheidungsvorlage an Vorstände
    Firma „A" und Firma „B" am .....

Beispiel 122
Drei Möglichkeiten
zur Erstellung von
Aufgabenverteilungen
oder Maßnahmenlisten

6.6 Reflexion und Vereinbarungen

Am Ende eines Seminars, von Gruppen- und Übungsphasen oder von Besprechungen steht ganz oft die Reflexion oder das Beschließen von Vereinbarungen.

Reflexionen – Rückmeldungen – können auf der persönlichen, zwischenmenschlichen Ebene oder auch auf der fachlichen Ebene stattfinden. Eine Methode, die allgemeine Stimmung zu ermitteln, besteht darin, dass jeder Teilnehmer einen Klebepunkt an die Stelle des Charts setzt, die er für passend zu seiner aktuellen Stimmung hält.

Reflexion

Beispiel 123 zeigt zwei Varianten des „Stimmungs-Charts":

- „Mit dieser Stimmung sitze ich heute hier"; ein Stimmungsbild, das gleichzeitig ausdrückt, dass das Seminar im Winter stattfindet. So können Teilnehmer mit einfachen Mitteln in der entsprechenden Jahreszeit abgeholt werden. Im Sommer könnte etwa statt eines Schneemanns eine Sonnenblume mit Gesicht verwendet werden.

- Um das Stimmungsbarometer für die Teilnehmer eindrücklich zu gestalten, wurden hier gelbe Moderationskarten aufgeklebt. Damit entsteht ein plastischer Eindruck der Gesichter.

Beispiel 123 Zwei Varianten des Stimmungsbarometers

Während ein Stimmungsbild genutzt werden kann, ohne dass die Teilnehmer sich dazu äußern müssen, werden bei der Kurzreflexion oder beim Blitzlicht Kernpunkte formuliert (Beispiel 124. Anmerkung: Die Verwendung der Begriffe Kurzreflexion und Blitzlicht ist im Traineralltag nicht immer eindeutig, das spiegelt sich auch im Beispiel wider.) Alle drei Methoden sollten durch die Darstellung mit Flipcharts unterstützt werden, damit die Teilnehmer zu jeder Zeit wissen, auf welche Frage sie antworten können.

Die Kurzreflexion lässt sich zum Beispiel zur Auswertung von Kleingruppenübungen einsetzen. Die Teilnehmer kleben einen Punkt, so dass auf einen Blick deutlich wird, wie sie die gemachten Erfahrungen einschätzen. Erstellungszeit fünf bis sieben Minuten.

Beispiel 124 Kurzreflexion und Motivationschart zum Blitzlicht

Beim Blitzlicht formuliert jeder kurz seine aktuelle Stimmung, wichtige persönliche Erkenntnisse oder Veränderungswünsche für den Tag. Im Beispiel sind Rück- und Ausblick durch das Fernglas symbolisiert, die Art der Momentaufnahme durch die Kamera mit Blitz – zwei sehr prägnante und passende Symbole und Wirkfaktoren.

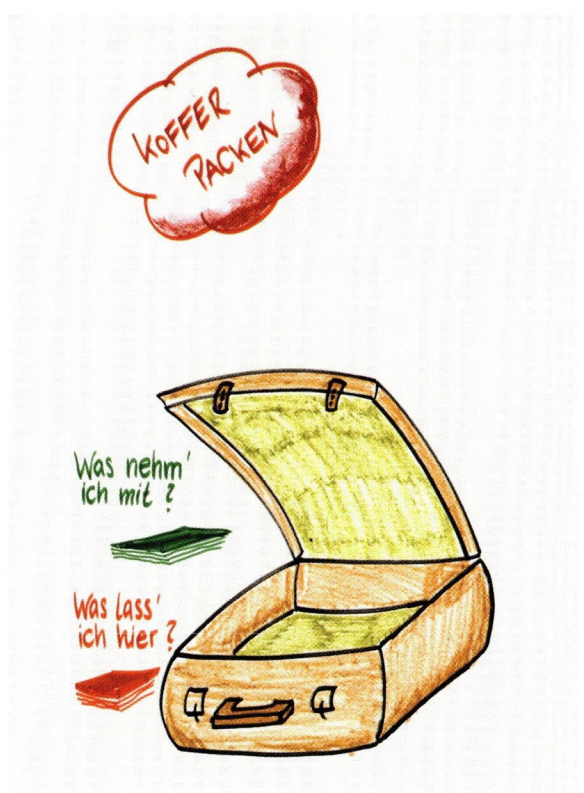

Beispiel 125
Koffer packen, eine Möglichkeit
um das Gelernte in den
Arbeitsalltag mitzunehmen

Das „Koffer packen" ist ebenfalls eine Möglichkeit zur Reflexion. Der Koffer ist in Beispiel 125 durch ein einfach zu erstellendes und doch aussagekräftiges Bild angedeutet. Farben werden in diesem Chart ganz gezielt eingesetzt: Grün steht für das Positive, Rot für das Negative. Die Kolorierung erfolgte durch Wachsmalblöcke.

Koffer packen

Beispiel 126 präsentiert zwei Charts zur Vereinbarung von Spielregeln.

Spielregeln

Das eine Chart zeigt Spielregeln, die in einem Seminar für neue Mitarbeiter eingesetzt werden. Um diese sehr einprägsam darzustellen wurden Bilder aus dem Internet verwendet. Sie wurden farbig ausgedruckt, ausgeschnitten und aufgeklebt. Der farbige Hintergrund der Schrift entstand mit Wachsmalblöcken.

Das andere Chart dient dazu, mit den Teilnehmern Vereinbarungen für die Zusammenarbeit zu erarbeiten. Klare Symbole aus dem Alltag lassen auf einen Blick erfassen, worum es geht. Das Bild wurde vorbereitet und kann gemeinsam ergänzt werden. Die Vorbereitungszeit beträgt ca. 5 Minuten.

Beispiel 126 Spielregeln – thematisch vorgegeben oder zum gemeinsamen Erarbeiten

7 Wie gehe ich mit dem Flipchart um?

Flipcharts zu erstellen ist die eine Seite, mit dem Flipchart und dem Flipchartständer umgehen ist eine andere. Da Sie auch hierbei verschiedene Wirkungen erzielen können, ist es uns wichtig, Ihnen noch Anregungen und grundlegende Tipps für den Umgang mit auf Ihren Flipchart-Weg zu geben.

7.1 Unterschiedliche Flipchartständer

Die bekanntesten Flipchartständer stammen derzeit sicherlich von den Firmen Neuland, Metaplan und Moderatio. Jede Firma bietet unterschiedliche Modelle an. Ein paar wichtige Faktoren erleichtern oder erschweren den Umgang. Wir möchten Sie für die unterschiedlichen Modelle mit ihren Möglichkeiten sensibilisieren.

In der Praxis hat es sich als wichtig erwiesen, dass man den Ständer in seiner Höhe verstellen kann: Zum einen kann man ihn damit der eigenen Körpergröße anpassen, zum anderen unterstützt die Funktion dabei, auch am unteren Rand auf dem Chart angemessen schreiben zu können.

Höhenverstellbarkeit

Es gibt von Neuland zum Beispiel ein Modell „Gusto", ein Flipchart mit höhenverstellbarer und drehbarer Tafelfläche. Mit diesem Modell haben Sie die Möglichkeit, Flipcharts auch in Querformat zu erstellen, was sich zum Beispiel für Flussdiagramme oder Projektstrukturpläne sehr eignet.

Aus unserer Sicht ist es sehr von Vorteil, einen Ständer mit Rollen zu haben, weil sich dieser viel leichter im Raum bewegen lässt, flexibel und leicht handhabbar ist. Gerade in kleinen Räumen, wo der Ständer häufig verschoben werden muss, ist das eine große Erleichterung und vermeidet unnötig schweres Heben.

Rollen

Es gibt einen Ständer mit Dreiecksfuß, der schnell und leicht aufgebaut ist. Diesen können Sie auf einem Rollengestell befestigen. Der Nachteil an einem Dreiecksfuß ist, dass die mittlere Schiene Ihnen beim Schreiben im Weg steht. Dabei können auch so manche Missgeschicke passieren (siehe Kapitel 8 Stolpersteine und Fallen).

Fest montierte Flipchartständer

Es gibt auch Flipcharts für den stationären Einsatz in Büros, Besprechungszimmern und Tagungsräumen. Diese sind fest an der Wand verschraubt und daher aus unserer Sicht für den Einsatz im Seminar nur bedingt verwendbar. Für Workshops hingegen können sie durchaus praktisch sein.

Materialien und Gewicht

Die Materialien der Ständer können sehr variieren. Von Metall über Holz bis hin zu Kunststoff.

Das Modell „EuroFlip" von Neuland können Sie zum Beispiel sehr klein zusammenlegen, es hat einen Aluminiumrahmen und ist somit sehr leicht. Ein integrierter Haltegurt hält den Flipchartblock beim Transport sicher am Ständer. Sehr pfiffig!

„TableTop" ist eine Variante, die sich dafür eignet in kleinem Kreis etwas vorzustellen. Sie können den Flipchartständer bequem auf jedem Besprechungstisch positionieren. Diese Tischvariante gibt es auch aus Stahl mit Aluminiumrahmen oder aus hochwertigem, verstärktem Wellkarton. Alle Versionen werden einfach und leicht transportiert.

Stifthalterung

Wenn Sie mit einem Flipchartständer arbeiten, benötigen Sie immer Stifte. Nur: Wo kann man die Stifte lagern?

Es besteht die Möglichkeit einen sogenannten „Stiftköcher" an der Seite des Flipchartständers zu befestigen. Aus unserer Sicht ist dies zwar eine elegante und ordentliche Variante, allerdings stört der Köcher, wenn Sie von dieser Seite aus auf Ihr Bild zeigen.

Manche Flipchartständer weisen eine Stiftablage oben auf. Spätestens wenn Sie Ihr erstes Flipchart umklappen und Sie an Ihrem zweiten arbeiten wollen, werden Sie die Fehlkonstruktion realisieren. Denn sobald Sie das Flipchart umgeblättert haben, sind Ihre Stifte unter dem Papier versteckt. Die sinnvollste und zuverlässigste Ablage der Stifte befindet sich am unteren Ende des Flipcharts. An dieser Stelle haben Sie jederzeit bequem Zugriff zu ihren Stiften. Leider bieten manche Hersteller sehr enge Schienen an, von denen die Stifte leicht abrutschen.

Ein weiteres Qualitätsmerkmal eines Flipchartständers besteht in der Befestigungsform des Papiers. Im Wesentlichen stehen hier zwei Systeme zur Verfügung:

Papierbefestigung

- Zwei verstellbare Haken mit überlagerter Halterungsschiene. Diese Variante bietet den Vorteil, dass man die Blätter leicht abreißen oder aufhängen kann. Sobald allerdings zu viele Blöcke aufgehängt werden, sind die Haken zu klein und die einzelnen Blätter rutschen ab.

- Zwei Schrauben, die eine Metallschiene befestigen, die wiederum Ihre Flipcharts hält. Dabei umgehen Sie das Problem des Abrutschens. Allerdings dauert es recht lange, die Schrauben aufzudrehen und einzelne Blätter zu entnehmen.

Manche Flipchartständer weisen einen integrierten Zusatzblatthalter auf, den Sie seitlich ausklappen oder ausfahren können. Dies kann sehr von Nutzen sein, wenn Sie ein Thema anhand von mehreren Flipcharts vorstellen möchten. So können Sie die Flipcharts direkt nebeneinander hängen. Die Befestigung erfolgt dann mit Klebestreifen oder mit Magneten, je nach Material.

Externer Blatthalter

Ihre Auswahl wird sicherlich von den Möglichkeiten vor Ort, aber auch von Ihrer Arbeitsweise und Ihren Vorlieben abhängen.

Unser Tipp: Prüfen Sie vor dem Beginn der Veranstaltung, wie Sie mit den vorhandenen Flipchartständern zu Recht kommen, damit es später keine Probleme gibt.

7.2 Am Flipchart präsentieren

Wirkung erzielen Sie nicht nur mit Ihren Bildern, sondern auch mit der Art und Weise, wie Sie Ihre Bilder vorstellen. Dabei gilt es folgende drei Aspekte zu beachten:

- Die beste Position wählen – mit dem Ziel allen Zuhörern freien Blick auf das Bild zu gewähren.

- Die „fünf Schritte durch mein Bild" ausführen – so dass die Zuhörer Ihr Bild Schritt für Schritt nachvollziehen und verstehen können.

- Abreißen oder umklappen – die Bilder als Ganzes erhalten.

7.2.1 Die beste Position

Sie sollten so stehen, dass Ihre Zuhörer bzw. Zuschauer immer freien Blick auf Ihr Bild bekommen. Das hilft ihnen, aufmerksam zu werden, zu sein und auch zu bleiben. Zudem erleichtert es Ihnen, den Kontakt zu Ihrem Publikum zu (er)halten. In Beispiel 127 sehen Sie einen Vorschlag, wie es Ihnen leicht fallen wird, diesen Grundsatz umzusetzen.

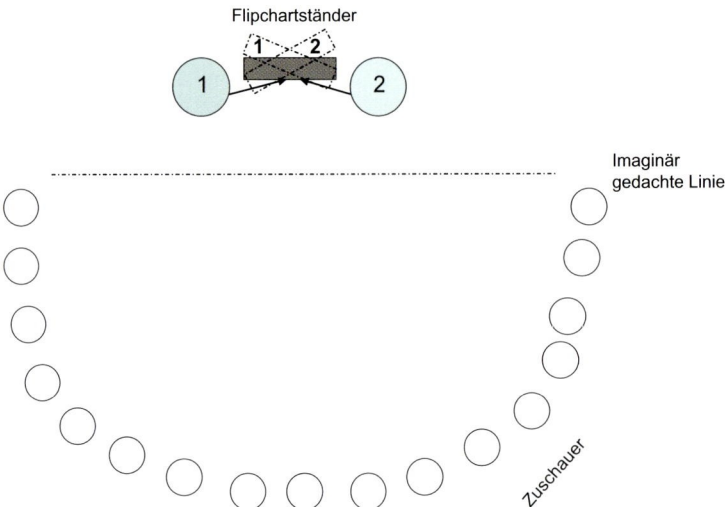

Beispiel 127 Ihre optimale Position am Flipchartständer

Wenn Sie sich zwischen den beiden ganz vorne sitzenden Zuschauern eine imaginäre Grenzlinie denken, dann sollte der Flipchartständer ca. ein bis zwei Meter dahinter stehen, so dass alle Ihre Zuschauer einen freien Blick auf Ihre Charts haben.

Der Flipchartständer kann in einem stumpfen Winkel zu Ihnen stehen, so dass Sie gut zeigen und schreiben können.

Tipp: Sprechen Sie erst, wenn Sie wieder Blickkontakt zu Ihren Zuhörern haben!

Dies funktioniert nach der 3a-Formel

3a-Formel
* anschauen
* aufschauen
* aussprechen

oder nach der bayerischen Variante:

4s-Formel
* steh'

- schau'
- schnauf'
- sprich.

Konkret heißt das: Sie holen sich Ihr auszuführendes Stichwort vom Flipchart ab oder schreiben (je nachdem, was gerade zu tun ist), nehmen wieder Blickkontakt zu Ihren Zuhörern auf und sprechen erst dann weiter. Dadurch können Sie „rechtzeitig" Signale wie

- (Un-)Verständnis,
- Verärgerung oder
- Fragen

aus Ihrem Publikum wahrnehmen und gegebenenfalls darauf reagieren.

7.2.2 Fünf Schritte durch mein Bild

Wenn es nun daran geht, einzelne Flipcharts detailliert vorzustellen, helfen Ihnen die „fünf Schritte durch mein Bild". Diese haben zum Ziel, Ihren Teilnehmern das Zuhören zu erleichtern. Wichtig sind sie vor allem bei komplexen Bildern. Hier nun im Einzelnen:

- Bevor der Zuhörer Ihr Bild zum ersten Mal sieht, kündigen Sie es inhaltlich an. Am besten mit einer offenen Frage. Wenn Sie zum Beispiel die Agenda des Tages vorstellen wollen, könnten Sie mit folgender Frage ankündigen: „Was soll uns heute beschäftigen?" Oder: „Welche Themen werden heute im Vordergrund stehen?"   **Ankündigen**

  Die Absicht dabei besteht darin, Ihre Zuhörer zum Nachdenken anzuregen.

  Wichtig beim Ankündigen ist: Bis zu diesem Moment hat der Zuschauer das Bild noch nicht gesehen. Damit das gewährleistet ist, können Sie entweder das Flipchart umblättern, ein weißes Blatt darüber hängen oder Sie ziehen den Flipchartständer erst nach der Ankündigung heran.

- Der Schritt „Zeigen" wird gerne vernachlässigt um Zeit zu sparen! Er dient dazu, Ihre Zuhörer bei Ihren Ausführungen gedanklich mitzunehmen.   **Zeigen**

  Was passiert nämlich, wenn Ihre Zuhörer Ihr Bild zum ersten Mal sehen? Sie schauen, sind neugierig, erfassen Farben, Formen, Worte, Sätze etc. Das benötigt Zeit, weil sie nicht wissen, was auf sie zukommt.

Deshalb: Geben Sie Ihren Zuhörern/Zuschauern Zeit!

Zeigen heißt, dass Sie eine Redepause einlegen. Die Länge der Pause ist abhängig von der Komplexität des Bildes. Wir empfehlen mindestens drei bis fünf Sekunden. Ein Anhaltspunkt für das Ende der Pause könnte sein, wenn die Zuschauer den Blick wieder zu Ihnen richten und damit signalisieren: „Es kann weitergehen!"

Überblick geben • Ihre Zuhörer wissen nicht, was inhaltlich als nächstes folgt. Deshalb geben Sie ihnen verbal einen groben Überblick, damit sie sich darauf einstellen können.

Ein Überblick zu Beginn des letzten Tages eines Trainings könnte sich so anhören: „Sie sehen, wir befinden uns auf der Zielgeraden. Wir werden heute so gegen 17.00 Uhr das Ziel gemeinsam durchlaufen. Aber Sie sehen, der Weg geht weiter (siehe auch Beispiel 69). Das bedeutet, Ihr eigentliches Lernen beginnt, wenn Sie wieder zurück an Ihrem Arbeitsplatz sind. Bis wir jedoch das Ziel durchlaufen, sind noch einige wesentliche inhaltliche Schritte zu gehen."

Wichtig dabei: zu beschreiben und noch nicht auf Details einzugehen.

Details erklären • Als nächstes erklären Sie die einzelnen Details Ihres Bildes. Muten Sie hierbei Ihren Zuhörern nicht zu viele Einzelheiten zu. Fünf bis sieben neue Informationen kann Ihr Zuhörer noch gut verarbeiten. Alles was mehr ist, wird er wieder vergessen.

Resümee ziehen • Um Ihr Bild verbal abzurunden, können Sie eine Zusammenfassung geben. Zusammenfassen heißt nicht, die Chance nutzen, um weitere Informationen einfließen zu lassen. Zusammenfassen heißt, die wesentlichen ein bis drei Kernaussagen zu wiederholen und sie dem Zuhörer noch einmal ins Gedächtnis zu rufen. Damit werten Sie Ihre Aussagen und signalisieren dem Zuhörer, an was er sich in jedem Fall erinnern soll.

Beispiel 128 zeigt die fünf Schritte im Überblick. Die „fünf Schritte durch mein Bild" anzuwenden, ist nicht ganz einfach: zum einen, die nötige Geduld aufzubringen, abzuwarten und die entsprechende Zeit zu spendieren – gerade in Präsentationen oder Besprechungen, wenn die Zeit sowieso knapp ist. Zum anderen, weil es nicht immer einfach ist, von jedem Schritt zum nächsten verbal sicher und souverän überzuleiten.

Deshalb empfehlen wir Ihnen: Formulieren Sie bei den ersten Malen Ihre Überleitungen schriftlich aus und üben Sie sie mindestens ein- bis dreimal!

7.2.3 Umklappen oder abreißen?

Arbeiten mit dem Flipchart heißt, sich mit dem Ständer und gleichzeitig mit dem Flipchart-Papier oder auch mit dem gesamten Flipchart-Block auseinanderzusetzen. Die Maße eines Blocks sind in der Regel 67 cm × 99 cm. Dies entspricht einer Größe zwischen DIN A1 und A0 – leider ein ziemlich unhandliches Format. Die Papierstärke beträgt meistens 80 g/m². Das Papier ist recht dünn und kann somit leicht einreißen.

Stellen Sie sich vor:

Sie erstellen ein wunderbares Flipchart, geben sich Mühe mit dem Bild und mit der Schrift, kolorieren es anschließend ansprechend und dann, beim Abnehmen, reißt das Papier ein. Das ist ärgerlich! Das muss nicht sein!

Sie haben immer zwei Möglichkeiten, mit dem Papier umzuge-hen. Sie können es

- umklappen oder
- abreißen.

Umklappen Solange Sie vortragen, können Sie Ihre Bilder vorsichtig umklap-pen. Vorsichtig deshalb, weil beim Umklappen das Papier leicht knicken und einreißen kann.

Abreißen und
aufhängen Wenn Sie eine Pause machen, haben Sie genügend Zeit, die Flip-charts, die Sie er- und bearbeitet haben, vorsichtig abzunehmen und aufzuhängen.

Wie können Sie Flipcharts unversehrt abreißen?

- Die meisten Bögen sind am oberen Rand perforiert und las-sen sich hier abtrennen.
- Sie können mit einer Pinnadel am oberen Rand des Papiers entlang fahren und es damit einritzen wie bei einer Perforie-rung. Danach lässt sich das Papier leicht abtrennen.
- Sie können die Sprechpause bewusst verlängern (siehe dazu Kapitel 7.3). In der Zwischenzeit können Sie das Flipchart in Ruhe abtrennen.

Wenn Sie das Papier vom Rest des Blocks getrennt haben, kön-nen Sie es so aufhängen, dass jeder Zuschauer einen freien Blick auf das eben erarbeitete Flipchart bekommt.

Wo kann man das Bild aufhängen?

- Entweder an eine ausklappbare Schiene am Flipchartständer (siehe Kapitel 7.1) oder
- an eine bereitgestellte Pinnwand oder
- mit einem Kreppband an die Wände kleben. Vorsicht: Man-che Hotels untersagen das Bekleben der Wände, deshalb dies unbedingt vor Beginn Ihrer Arbeit abklären.
- Ein zweiter Flipchartständer, der bereit steht, bietet sich als weitere Möglichkeit an. Sie können auch von Beginn an mit zwei Ständern arbeiten. Der eine Ständer dient zum ständi-gen Bereithalten (zum Beispiel einer Agenda), und an dem anderen Ständer arbeiten Sie.
- Manchmal legen wir die gerade erarbeiteten Papiere auch vor die Zuhörer auf den Fußboden. Das belebt aus unserer Sicht den Raum und die Charts sind bei einer überschauba-ren Gruppe von ca. 20 Leuten noch gut im Blick der Zuschauer.

7.3 Das Arbeiten erleichtern

Flipcharts zu erstellen, kann in Arbeit ausarten. Aber: Ein paar Ideen können helfen, sich das Arbeiten mit dem Flipchart zu erleichtern.

7.3.1 Material bereitlegen

Die besten Erfahrungen haben wir damit gemacht, erst einmal alles bereitzulegen, was an Materialien zur Verfügung steht (siehe dazu auch Kapitel 5.3) – also mindestens alles das, was notwendig ist, besser aber noch mehr! Zum einen können die bereitliegenden Materialien dann Ihre Kreativität anregen. Zum anderen werden Sie nicht abgelenkt, weil Sie immer wieder etwas suchen müssen.

Denken Sie an:

- Stifte in allen Farben
- Stiftfarben aufgefüllt (in wieder befüllbaren Stiften)
- tadellose Stiftspitzen
- Wachsmalblöcke
- Moderationskarten
- Kleber
- Klebestreifen und Klebegummi zum Aufhängen Ihrer Flipcharts
- Pinnadeln zum Abtrennen Ihrer Bilder
- Bleistift zum Vorzeichnen
- Radiergummi zum Ausbessern Ihrer Skizze
- eventuell ein Lineal
- Korrekturpads.

Um sich Anregungen zu holen, können Sie sich Bücher, Comics oder auch Zeitschriften besorgen. Wenn Sie alles bereitgelegt haben, kann es losgehen.

7.3.2 Oh – ein Fehler

Fehler passieren – und das ist auch gut so. Denn Fehler zu machen, ist menschlich. Es sollte viel mehr eine Fehlerkultur entstehen, als dass man Fehler immer verbannen will. Fehlerkultur könnte bedeuten, dass Menschen wissen, wie sie mit Fehlern umgehen können und daraus lernen. Sehen Sie also Fehler als Lernchance, um auf neue und attraktive Wege zu kommen! Unser Erleben ist vielmehr, dass viele Menschen danach streben, „fehlerfrei" zu werden. Und dass es ihnen oft peinlich ist, Fehler zu machen. Nun, daran ist nichts zu ändern: Fehler passieren!

Welche Möglichkeiten bestehen, wenn sich der Fehlerteufel eingeschlichen hat?

Konzentration Manchmal passieren Fehler, weil man sich zu wenig oder gar nicht konzentriert. Daran können Sie etwas ändern, indem Sie nur an die eine Sache denken, die Sie gerade bearbeiten.

Ignorieren Wenn Sie sich beim Erarbeiten eines Bildes verschreiben, könnten Sie den Fehler ignorieren (siehe Beispiel 71; die 10 bei der Pausenzeit ist falsch geschrieben). Vielleicht fällt es Ihren Zuschauern gar nicht auf! Wenn doch, sagen sie vielleicht nichts. Wenn Sie doch einer auf den Fehler aufmerksam macht, können Sie sich bedanken und wissen gleichzeitig, dass zumindest einer sehr aufmerksam war.

Tipp-Ex Sie könnten Tipp-Ex in Ihrem Moderatorenkoffer haben und den Fehler mit Tipp-Ex ausbessern und wieder darüber schreiben. Diese Lösung funktioniert aber nur bei reinweißem Papier.

Korrekturpads Flipchart-Korrekturpads (z. B. Fa. Neuland) sind extra für diesen Zweck hergestellt. Besorgen Sie sich im Vorfeld ein paar dieser selbstklebenden Papierstreifen in fünf verschiedenen Größen, so dass Sie für jeden Fehler gewappnet sind (420 Pads kosten rund 10 Euro).

Moderationskarten Eine preiswertere Lösung ist es, sich aus Moderationskarten farblich und von der Größe passende Stücke zu schneiden und diese mit einem Klebstoff aufzubringen.

Neu schreiben Sie können auch alles neu schreiben! Dies empfehlen wir, wenn Sie Ihre Bilder vorbereiten. Denn wenn Sie Flipcharts bereits ausgebessert mitbringen, begeistert das Ihre Zuschauer nicht. Während der Veranstaltung neu zu schreiben, kostet meist viel Zeit und stellt Ihre Zuhörer zu sehr auf die Geduldsprobe.

Humor Manchmal hilft auch, den Fehlerteufel mit einem humorvollen Spruch zu begrüßen: „Guten Morgen Fehlerteufel, auch schon aufgewacht? Wird ja Zeit!" oder „Wäre meine Rechtschreibung besser, müsste ich heute sicher keine Seminare halten!"

Über sich selbst einmal zu lachen, ist oft schwer, bringt aber eine gewisse Lockerheit in Ihren Vortrag!

Kleben Wenn denn mal ein Flipchart einreißt, können Sie dieses mit Tesafilm oder Tesakrepp von der Rückseite wieder zusammenkleben. Zumindest für diese Veranstaltung wird das Flipchart noch halten.

7.4 Leicht transportieren

Wenn die Erstellung der Flipcharts arbeitsaufwändig war, kann es ärgerlich sein, zu sehen,

- wie das Papier an den Ecken ausfranst, wenn es als Rolle auf der Rückbank im Auto landet,
- wenn das Papier sich zu Veranstaltungsbeginn gen Himmel rollt, statt den Teilnehmern gerade entgegen zu strahlen, oder wenn
- die Löcher einreißen, nachdem man das Blatt an der Wand für alle sichtbar aufgehängt hatte.

Nun, es gibt ein paar einfache Tipps zum langfristigen Schutz unserer Flip-Schätze und damit auch unserer Nerven.

Dem größten Risiko sind die Flipcharts wohl auf der Reise ausgesetzt. Es gibt verschiedene Möglichkeiten, sie zu transportieren. Selbst bei der einfachsten Variante, die Blätter aufzurollen, gibt es Einiges zu beachten:

- Legen Sie die Blätter sauber aufeinander: Die Löcher sollten passgenau übereinander liegen, so dass Sie diese auf Ihre Finger stecken oder zum Beispiel zwei Karabinerhaken durchziehen können. Dadurch werden die Blätter auch im Stapel handhabbar, es ragen keine einzelnen Blätter heraus, wodurch Eselsecken und Einrisse vermieden werden. *Aufeinanderlegen der Blätter*

- Bevor Sie rollen, klemmen Sie die Blätter einer Einheit mit jeweils einer Vielzweckklemme zusammen (Klammern mit umklappbaren Bügeln; wir verwenden Stärke 32 mm; siehe Beispiel 129), um die Einheiten voneinander zu trennen. Auf diese Weise hat man einen schnellen und zielgerichteten Zugriff zu dem Baustein, den man benötigt und die Blätter verrutschen nicht. *Vielzweckklemmen*

- Legen Sie nun oben und unten ein Schutzblatt ein und rollen Sie das Papier mit der Schrift nach außen von oben nach unten ein, wie es auf Beispiel 129 dargestellt ist. Dadurch vermeiden Sie, dass sich das Papier später am Flipchart-Ständer wieder zusammenrollt. *Schutzblatt*

- Um die Rolle zu verschließen eignen sich Klettbänder, da diese lange wieder verwendbar sind, auch größere Papiermengen leicht bewältigen und gut beschreibbar sind. Alternativ zum Klettband hat sich Haargummi bewährt, der für besonders kräftige Haare gedacht und von außen mit strapazierfähigem Band umwoben ist. Diese Bänder sind geduldig, *Verschließen* arbeitsam und halten auch eine mehrmonatige Lagerung aus. Das herkömmliche Gummiband löst sich nach einigen Monaten gerne auf.

Schutzpapier • Zusätzlich können Sie noch die Rolle in Pinnwandpapier einschlagen, zukleben und beschriften.

Beschriftung • Haben Sie sich jemals mehrfach durch 20 Rollen Flipchartpapier gekämpft auf der Suche nach der einen richtigen? Dann wissen Sie, wie wichtig eine gut sichtbare und exakte Beschriftung ist. Notieren Sie ggf. Thema, Veranstaltung, Firma und Datum, so dass Sie später einen schnellen Zugriff haben.

Beispiel 129 Lagerung und Transport der Flipcharts

- Hat Ihre Papierrolle einen überschaubaren Durchmesser, dann können Sie auch eine Architektenrolle verwenden, die sich im Zug oder auf längeren Fußwegen bequem über die Schulter hängen lässt. Die Firma Neuland z. B. führt ähnliche Rollen unter dem Namen „FlipChart-Papierköcher" im Angebot. **Transportrollen**

- Dazu gibt es auch noch große Tragetaschen für Flipcharts. Die Gefahr hierbei ist, dass die Flipcharts zusammensacken und verknittern. Diese Taschen setzen wir bei Laminaten und größeren Pappen ein, die sich nicht rollen lassen. **Tragetaschen**

Wie man Flipcharts lagert und transportiert, präsentiert plakativ und einprägsam das Beispiel 129.

7.5 Langfristig lagern

Haben die Rollen den Transport gut überstanden, möchten Sie sie vielleicht langfristig lagern, um sie später wieder zu verwenden. Hier nun verschiedene Tipps, wie Flipcharts auch über einen längeren Zeitraum gelagert und genutzt werden können.

So wie Sie die Flipcharts für den Transport gut versorgt haben, können Sie sie im Grunde auch lagern: in Packpapier, Rolle, Köcher oder Tasche. Denken Sie bei längerfristiger Lagerung wirklich an eine exakte und deutlich sichtbare Beschriftung. **Verpackung**

Sie können Flipchart-Rollen aufrecht in einen Korb oder einen Schirmständer stellen. Diese Art verbraucht wenig Platz und ist recht übersichtlich. Die Ränder der Blätter können jedoch leicht beschädigt werden. Um das zu vermeiden könnten Sie die Flipcharts durch Papier oder Köcher schützen. Oder Sie können auch den Rand der Flipcharts mit reißfestem, durchsichtigem Band einfassen. **Aufrecht lagern**

Sie können die Rollen auch im Regal lagern. Es empfiehlt sich allerdings, nicht mehrere Papier-Rollen aufeinander zu stapeln, da die unteren durch das Gewicht der oberen so gedrückt werden können, dass sie oft nicht mehr verwendbar sind. **Liegend lagern**

Insgesamt gilt: Wenn Sie die Flipcharts gerollt lagern, sollten Sie diese möglichst am Abend vor Veranstaltungsbeginn aushängen lassen.

Eine interessante Alternative – wenn der Platz es zulässt – ist die Kleiderstange: Fixieren Sie die zusammengehörigen Blätter, indem Sie durch die Löcher zum Beispiel einen kleinen Karabinerhaken ziehen und hängen Sie die Blätter mit einem Hosen- **Hängend lagern** spanner auf. Dieser lässt sich bequem, übersichtlich und mit schnellem Zugriff auf eine Kleiderstange im Eck des Zimmers hängen. So gibt es keine verknickten Ecken, keine Wellen und kein langes Suchen.

7.6 Häufiges Wiederverwenden

Je mehr Arbeit Sie in Ihre Bilder investieren, umso mehr wollen Sie diese problemlos langfristig weiter verwenden können. Zu Recht, denn das Kosten-Nutzen-Verhältnis muss stimmen.

Kreppstreifen Beginnen wir mit der Perforation: Ein einfach umzusetzender Tipp ist, die Mehrweg-Flipcharts auf der Rückseite auf der Höhe der Perforation mit einem Kreppklebestreifen zu fixieren. Zum einen reißt Ihnen nun diese Schwachstelle nicht ein, zum anderen können Sie das Flipchart an dieser Stelle sicher an der Wand aufhängen: Sie kleben etwa zehn Zentimeter Kreppklebeband zu einem Ring zusammen, so dass die Klebefläche nach außen zeigt. Zwei bis drei solcher Ringe befestigen Sie auf dem Flipchart auf den schon verstärkten Streifen und drücken sie mit der anderen Seite gegen die Wand.

Lochverstärker Eine der schwächsten Stellen des Flipcharts sind die Aufhängelöcher. Diese können Sie durch Verstärkungsringe unterstützen, die inzwischen auch für Flipchartgröße erhältlich sind.

Laminieren Die haltbarste Lösung bei den richtigen „Kunstwerken" ist das Laminieren: Sie lassen das kostbare Bild in durchsichtige Folie schweißen. Diese Folie kann so dünn sein, dass sie anschließend problemlos wie Papier rollbar ist, oder Sie wählen eine kräftigere Folie, so dass das Papier auch eine gewisse Härte bekommt. Im zweiten Fall lässt sich das Flipchart nur dann an den Flipchart-Ständer hängen, wenn Sie Löcher in die Folie stanzen.

Ein solches Laminat lässt sich wunderbar an der Tür, Wand oder Pinnwand positionieren. Gerade für Besprechungszeiten, Teamvereinbarungen oder Informationen, die stets wieder benötigt werden, ist das sicherlich eine praktische Lösung (siehe auch Beispiele 22 und 94).

Teillaminate Wenn Sie nicht das gesamte Flipchart laminieren möchten, da Sie es jedes Mal neu entwickeln oder ergänzen wollen, können Sie auch Einzelvisualisierungen auf diese Weise „konservieren".

Wenn wir auf einem zu vervollständigenden Flipchart eine einzelne, komplexe Zeichnung ergänzen wollen, bereiten wir sie vor, laminieren sie und ergänzen sie dann in der Veranstaltung. Später können wir sie erneut verwenden.

Eine clevere Idee zur langfristigen Verfügbarkeit hat uns Lucas Derks verraten. Er hat ein Flipchartset „gebunden": Mehrere Bilder, die er in einer festen Kombination „wie ein Bilderbuch" stets wieder verwendet, hat er mit Hilfe einiger Schrauben auf einer Alu-Leiste aus dem Baumarkt festgeschraubt. Auf diese Weise können sie nicht verrutschen, sind immer in der gleichen Reihenfolge und lassen sich unkompliziert umhängen.

Alu-Leiste

Weiterhin hat er an dieser Leiste rechts und links ein Band befestigt, an der er sein „Bilderbuch" aufhängen kann. Dies macht ihn unabhängig von den unterschiedlichen Lochungen, denen er in verschiedenen Ländern begegnet ist.

Wir haben diese „Bindung" für uns in einem einfacheren Prinzip umgesetzt, indem wir Flipcharts, die wir immer hintereinander präsentieren, mit einem normalen Hefter zusammenfügen.

8 Fallen

Auch ein so schlichtes Medium wie ein Flipchartständer hat Tücken und Fallen, die man vermeiden oder souverän bewältigen kann.

Im Folgenden sind – mit einem Augenzwinkern – in den Beispielen 130 bis 132 einige typische Ausrutscher aufgelistet, die im Umgang mit dem Flipchart vorkommen können und „gut gemeinte" Tipps, wie Sie damit umgehen könnten.

- Leicht stolpert man über den „dreifüßigen" Flipchartständer. Selten jedoch kommt es so weit, dass man mit dem Ständer umfällt. Trotzdem: Nehmen Sie sich in Acht vor Flipchartständern, die Ihnen ein Bein stellen wollen!

- Manchmal klappt „die Aufhängung" nicht so ganz, wie man sie sich vorstellt – und da liegen sie, all die schönen Kunstwerke, für die man sich so abgemüht hat. Da hilft nur eins: Umdrehen und weglaufen!

- „Verflixt! Wie immer ist das Flipchartpapier zu kurz! Tja, wenn man strukturiert vorgearbeitet hätte ... oder sich vorher mal Gedanken gemacht hätte!" Aber woher soll man wissen,

Beispiel 130 Probleme mit dem Flipchartständer

Beispiel 131 Probleme mit dem Papier

Beispiel 132 Probleme mit den Stiften

was man schreibt, bevor man gesehen hat, was man geschrieben hat!

In solchen Fällen hilft nur „quetschen"!

- „Huch? Ojeh, die ganze Arbeit dahin, was macht das nur für einen Eindruck!"

    Macht nichts: Das lässt sich doch zusammenkleben – wie schon beschrieben, von hinten mit Tesafilm.

- Manchmal lassen sich Kleckse nicht vermeiden. Wenn sie auf dem Chart sind, lässt sich vielleicht ein Kunstwerk daraus machen. Auf dem Kleid sind die Flecken nicht so passend. Zudem lässt sich die Tinte nicht immer aus der Wäsche entfernen – das hat uns schon einige Kleidungsstücke gekostet.

- Hier wird jeder Andere froh sein, dass es ihn nicht auch noch erwischt hat: Die Kappen der Stifte sind hervorragende Flug-objekte – fast wie Sektkorken. Wenn Sie gut zielen, können Sie vielleicht einen gelangweilten Zuhörer wieder aufwecken und einfangen!

9 Symbolgalerie

Kleine Symbole geben auch einem ansonsten schlichten, linear aufgebauten Flipchart Abwechslung und Power. Sie bündeln die Aussage des Textes auf einen Punkt und können zugleich witzig sein und Farbe ins Thema bringen.

Legen Sie sich ein Standardrepertoire an Symbolen an und üben Sie, diese Symbole mit wenigen Schritten auf dem Papier zu skizzieren!

Bei Bedarf können Sie immer das passende Symbol einsetzen um Ihre Inhalte anschaulich und prägnant zu Papier zu bringen.

Besonders geeignet sind Symbole, die Sie themenunabhängig immer wieder verwenden können: Symbole für Begrüßung, Pausen, Essen, Aufmerksamkeitszeichen, Zeiten, Übereinstimmung, Widerspruch, Arbeitsgruppen.

Sie können bestimmte Sequenzen an bestimmte Symbole knüpfen:

- Suchen Sie sich ein Symbol für „Arbeitsauftrag" und zeichnen Sie es bei jedem Arbeitsauftrag zum Beispiel oben rechts in die Ecke.

Schon beim dritten Mal wissen die Teilnehmer: „Aha, jetzt werden wir aktiv." Genauso können Sie dann verfahren bei

- Theorieeinheiten,
- Kleingruppenübungen in Moderationen,
- Zuhör-Phasen in Mediationen,
- Kritikrunden oder solchen mit positiver Rückmeldung in Supervisionssitzungen und
- Diskussionen oder Präsentationen in einer Besprechung.

Vorschläge für Standardsymbole finden Sie auf den folgenden Seiten. Fündig werden Sie darüber hinaus in Comics, Kinderbüchern oder Clipart-Sammlungen, in denen Gegenstände oft einfach dargestellt und damit leicht nachzuzeichnen sind.

Symbol -
Galerie

Pause

Arbeiten

Freizeit

10 Danksagung

„Leider lässt sich eine wahrhafte Dankbarkeit mit Worten nicht ausdrücken."

Mit diesem Zitat von Johann Wolfgang von Goethe wollen wir all jenen danken, die uns bei unserem Buch sehr unterstützt und so zum Gelingen beigetragen haben.

Danken wollen wir Christine Borryss, Lucas Derks, Anita Flöter, Bodo Kalpen, Barbara Koch, Markus Schwarzgruber, Martin Seibt, Andreas Thedorff, Barbara Wagner, Simone Wendland und Rüdiger Wörster, die uns ihre Bilder zur Verfügung gestellt haben und damit unser Buch bereichern. Josef W. Seifert unterstützte uns, ohne zu zögern, mit seinem Geleitwort.

Ein großer Dank gilt Kim Schmidt, dessen Comiczeichnungen wir als Vorlage und Anregung für einige Flipcharts verwenden konnten.

Bei Rolf Lindemann und Bodo Kalpen bedanken wir uns herzlich für ihr kritisches Korrekturlesen, mit dem sie wertvolle Anregungen zu unserem Buch beigesteuert haben.

Kurt Bauer fotografierte professionell unsere Flipcharts, die, zugegeben, manchmal „just in time" bei ihm eingingen. Er scheute keine Mühe.

Ohne die aufmunternden Worte von Stefan und Reinhardt, die uns auch sonst mit Ideen und Taten zur Seite standen, hätten wir bestimmt öfter gezweifelt. Vielen Dank dafür.

Unser besonderer Dank gilt Herrn Dr. Gerhard Seitfudem. Ohne ihn und den Verlag Publicis Publishing wäre dieses Buch erst gar nicht zustande gekommen, deshalb:

„Wer nicht danke denken kann, wird nie genießen können" (Hanjo Seißler). Wir – und hoffentlich auch Sie – genießen dieses Buch.

Januar 2009
Elke Meyer
Stefanie Widmann

11 Bildnachweise

Borryss: Christine Borryss, Trainerin und Projektmitarbeiterin, improve KompetenzEntwicklung, Wolfsburg

Derks: Lucas Derks, Sozialpsychologe und NLP-Trainer, Nimwegen

Flöter: Anita Flöter, freie Zeichnerin, Hamburg

Kalpen: Bodo Kalpen, Siemens AG, Medical Solutions, Erlangen

Koch: Barbara Koch, Produktmanagerin, Siemens AG, Learning Campus, München

Schwarzgruber: Markus Schwarzgruber, Trainer, Coach und Moderator, Stöger & Partner, Gröbenzell

Seibt: Martin Seibt, Trainer, Coach und Medienpädagoge, Salzburg

Thedorff: Andreas Thedorff, freiberuflicher Trainer und wissenschaftlicher Mitarbeiter der Universität der Bundeswehr, München

Wagner: Barbara Wagner, Trainerin und Beraterin, Siemens AG, Learning Campus, München

Wendland: Simone Wendland, freie Zeichnerin, Wolfsburg

Wörster: Rüdiger Wörster, Trainer und Produktmanager, Siemens AG, Learning Campus, München

Beispiel	Titel	Autor
1 (S. 14)	Landkarten Landkarten II	E. Meyer E. Meyer
2 (S. 16)	Berufsbilder	S. Widmann, aus KIM
3 (S. 19)	Der betriebswirtschaftliche Regelkreis	S. Widmann (mit freundlicher Genehmigung einer Teilnehmerin)
	Multidimensionales Datenmodell	S. Widmann (mit freundlicher Genehmigung einer Teilnehmerin)
	Data Warehouse	S. Widmann (mit freundlicher Genehmigung einer Teilnehmerin)
4 (S. 21)	Medienmix	E. Meyer

Beispiel	Titel	Autor
5 (S. 26)	Blatteinteilung	S. Widmann
6 (S. 27)	Mindmap	S. Widmann
7 (S. 28)	Unstrukturiert	S. Widmann
8 (S. 28)	Strukturiert	S. Widmann
9 (S. 30)	Die 2 Ebenen I Die 2 Ebenen II	E. Meyer E. Meyer
10 (S. 32)	Feedback I	S. Widmann
11 (S. 33)	Feedback II Paraphrasieren	S. Widmann E. Meyer
12 (S. 35)	Gehirn	S. Widmann, aus KIM
13 (S. 38)	Wie schreibe ich bloß?	S. Widmann, aus KIM
14 (S. 39)	4 Merkmale der Verständlichkeit	S. Widmann
15 (S. 41)	Weniger ist mehr	E. Meyer
16 (S. 42)	Wippe	Derks
17 (S. 45)	Ressourcen Transfer Ankertechnik	L. Derks E. Meyer
18 (S. 46)	Ballons	S. Widmann
19 (S. 48)	Neutralizing Hate	L. Derks
20 (S. 50)	Gewaltfreie Kommunikation Ziele I	S. Widmann E. Meyer
21 (S. 51)	KaWa©	E. Meyer
22 (S. 54)	Antiaufschiebestrategien Feedback geben	E. Meyer A. Flöter, i. A. S. Widmann
23 (S. 55)	Das EASI-Prinzip	E. Meyer
24 (S. 56)	Sonne	E. Meyer, aus Davies et. Al
25 (S. 57)	Begrüßungsflip I Begrüßungsflip II Begrüßungsflip III	M. Seibt M. Seibt M. Seibt
26 (S. 58)	Kalte/heiße Konflikte I Kalte/heiße Konflikte II Kalte/heiße Konflikte III	E. Meyer E. Meyer E. Meyer
27 (S. 62) (S. 63)	Figuren I Figuren II	E. Meyer E. Meyer
28 (S. 64)	Kleidung	E. Meyer

Beispiel	Titel	Autor
29 (S. 65)	Bewegung I Bewegung II	E. Meyer E. Meyer
30 (S. 67)	Mimik I Mimik II	E. Meyer E. Meyer
31 (S. 69)	Mimik III	E. Meyer
32 (S. 70)	Tiere I Tiere II	E. Meyer E. Meyer
33 (S. 72)	Innerer Dialog I	E. Meyer
34 (S. 76)	Spiritual III	L. Derks
35 (S. 77)	Support	L. Derks
36 (S. 78)	Steinsäulen	L. Derks
37 (S. 79)	Innerer Dialog II	E. Meyer
38 (S. 81)	Cheer	L. Derks
39 (S. 82)	Komplementärfarben Analoge Farben	S. Widmann S. Widmann
40 (S. 84)	Power-Burger Hierarchie	S. Widmann L. Derks
41 (S. 86)	Schatten I	S. Widmann
42 (S. 86)	Perspektive	S. Widmann
43 (S. 87)	Schatten II	S. Widmann, aus KIM
44 (S. 88)	Spiritual II Self image	L. Derks L. Derks
45 (S. 89)	Schraffuren Zungen	S. Widmann L. Derks
46 (S. 89)	Schatten III	S. Widmann
47 (S. 90)	Strukturoptionen	E. Meyer
48 (S. 90)	Seminarfahrplan	E. Meyer
49 (S. 91)	Blumentopf Gedankenschleife	E. Meyer E. Meyer
50 (S. 92)	Mindmap 2. Tag	E. Meyer
51 (S. 92)	Distanzzonen	L. Derks
52 (S. 93)	Netz	E. Meyer
53 (S. 99)	Überschriften Sprechblasen	E. Meyer S. Widmann, aus KIM
54 (S. 100)	Formen	E. Meyer
55 (S. 101)	Willkommen PIT 5	B. Wagner

Beispiel	Titel	Autor
56 (S. 101)	Begrüßung – anschaulich präsentieren	S. Widmann, aus KIM
57 (S. 102)	Begrüßung – Rhetorik	S. Widmann, aus KIM
58 (S. 103)	Begrüßung – Winter	E. Meyer
59 (S. 103)	Begrüßung – Gehirn	E. Meyer
60 (S. 104)	Begrüßung – Soziales Panorama	L. Derks
61 (S. 105)	Begrüßung – NLP	L. Derks
62 (S. 105)	Willkommen – TS Welcome Days	B. Koch
63 (S. 106)	Begrüßung FlipchartArt	E. Meyer (nach Steffens, siehe Literaturverzeichnis)
64 (S. 107)	Begrüßung mit Spruch	E. Meyer
65 (S. 107)	Internationales Workshop-Flipchart	R. Wörster
66 (S. 107)	Teamtraining	M. Schwarzgruber
67 (S. 108)	Überblick – Unser 1. Tag	B. Koch
68 (S. 109)	Übersicht – 2. Tag	S. Widmann
69 (S. 109)	3. Tag – Übersicht	S. Widmann
70 (S. 110)	Workshop-Agenda	R. Wörster
71 (S. 111)	Agenda	E. Meyer
72 (S. 112)	Zeiten I Zeiten II	S. Widmann S. Widmann
73 (S. 112)	Seminaruhr	E. Meyer
74 (S. 113)	Steckbrief	E. Meyer
75 (S. 114)	Kennenlern-Party	E. Meyer
76 (S. 115)	Kennenlernen 3 Schritte	E. Meyer
77 (S. 116)	Ziele I Ziele II	S. Widmann A. Thedorff
78 (S. 117)	Gruppenarbeit – utopisch denken	L. Derks
79 (S. 117)	Gruppenarbeit – Fahrstuhl	L. Derks
80 (S. 118)	Gruppenarbeit – Projektteams	B. Koch
81 (S. 119)	Vorstellungsgespräch	M. Seibt

Beispiel	Titel	Autor
82 (S. 119)	Anleitung zur Gruppen-arbeit	M. Schwarzgruber
83 (S. 120)	Anleitung zur Einzel- oder Gruppenarbeit	M. Schwarzgruber
84 (S. 121)	Führungsstile	M. Seibt
85 (S. 122)	Funktionsmodell	M. Seibt
86 (S. 123)	Kernbotschaft	S. Widmann
87 (S. 123)	Informationstreppe	S. Widmann
88 (S. 124)	Führen und Präsentieren	S. Widmann (nach Steffens, siehe Literaturverzeichnis)
89 (S. 125)	Konfliktmoderation als Führungskraft	E. Meyer
90 (S. 126)	Inneres Führungsteam	E. Meyer
91 (S. 126)	Systemlandkarte L	E. Meyer (Idee mit freund-licher Genehmigung von Hans Heusgen)
92 (S. 128)	Das Eisbergmodell I Das Eisbergmodell II Das Eisbergmodell III	B. Wagner S. Widmann A. Thedorff
93 (S. 129)	Konfliktsituation	B. Wagner
94 (S. 130)	Feedback geben	A. Flöter, i. A. S. Widman
95 (S. 130)	Aktiv zuhören	S. Widmann
96 (S. 131)	Vier Seiten	S. Widmann
97 (S. 132)	Teambuilding Wippe Mediation	L. Derks L. Derks L. Derks
98 (S. 133)	Konfliktebenen	M. Schwarzgruber
99 (S. 134)	Aktiv Zuhören zur Konfliktlösung	S. Widmann
100 (S. 135)	Konfliktlösung	S. Widmann
101 (S. 136)	Konfliktbewältigung	M. Seibt
102 (S. 136)	heißer/kalter Konflikt III	E. Meyer
103 (S. 137)	Rolle des Mediators	E. Meyer
104 (S. 138)	Projektkriterien	R. Wörster
105 (S. 139)	Arbeitspakete	S. Widmann
106 (S. 139)	Risikoanalyse	S. Widmann (nach Steffens, siehe Literaturverzeichnis)

Beispiel	Titel	Autor
107 (S. 140)	Projektplanung	R. Wörster
108 (S. 141)	Teamdefinition	M. Schwarzgruber
109 (S. 141)	Teamentwicklungsphasen	M. Schwarzgruber
110 (S. 142)	Teambildung	M. Schwarzgruber
111 (S. 143)	Erfolgsfaktoren	S. Widmann (nach Steffens, siehe Literaturverzeichnis)
112 (S. 144)	Der betriebswirtschaftliche Regelkreis	S. Widmann (mit freundlicher Genehmigung einer Teilnehmerin)
	Multidimensionales Datenmodell	S. Widmann (mit freundlicher Genehmigung einer Teilnehmerin)
	Data Warehouse	S. Widmann (mit freundlicher Genehmigung einer Teilnehmerin)
113 (S. 145)	Ersatzteilprozess I Ersatzteilprozess II	B. Kalpen B. Kalpen/S. Widmann
114 (S. 146)	Zeitmanagement	B. Wagner
115 (S. 147)	Priorisierung	S. Widmann
116 (S. 148)	Gewichtung	S. Widmann
117 (S. 148)	ALPEN-Technik für die Tagesplanung	C. Borryss
118 (S. 149)	Definition von Zeitdieben	B. Wagner
119 (S. 149)	Zeitdiebe	B. Wagner
120 (S. 150)	Anti-Aufschieberitispille	C. Borryss
121 (S. 150)	Lebenshüte	C. Borryss
122 (S. 152)	Jour Fix I Jour Fix II Intensivierung der Zusammenarbeit	B. Kalpen B. Kalpen/S. Widmann B. Kalpen
123 (S. 153)	Stimmungsbild Stimmungsbarometer	B. Wagner B. Koch
124 (S. 154)	Reflexion Kurzreflexion	E. Meyer A. Thedorff
125 (S. 155)	Koffer packen	A. Thedorff
126 (S. 156)	Spielregeln Regeln und Vereinbarungen	B. Koch A. Thedorff
127 (S. 160)	Position	S. Widmann

Beispiel	Titel	Autor
128 (S. 163)	Fünf Schritte durch mein Bild	S. Widmann
129 (S. 168)	Lagerung und Transport	E. Meyer
130 (S. 172)	Umstürzendes Flipchart Papierchaos	S. Wendland, i. A. E. Meyer S. Wendland, i. A. E. Meyer
131 (S. 173)	Platz reicht nicht Zerrissenes Papier	S. Wendland, i. A. E. Meyer S. Wendland, i. A. E. Meyer
132 (S. 173)	Tintenspritzer Textmarker	S. Wendland, i. A. E. Meyer S. Wendland, i. A. E. Meyer
Symbol-galerie	(S. 176) (S. 177) (S. 178) (S. 179) (S. 180) (S. 181) (S. 182) (S. 183)	S. Widmann E. Meyer S. Widmann S. Widmann E. Meyer E. Meyer S. Widmann E. Meyer

12 Literaturhinweise

Birkenbihl, Vera F.

Das Birkenbihl ALPHA-Buch", mvg, 2000

Im Kapitel „Kreatives Denken mit KaWa©" wird die KaWa-Technik in Kürze dargestellt.

Birkenbihl, Vera F.

„Stroh im Kopf – Gebrauchsanleitung fürs Gehirn", mvg, 1992

Sehr vereinfacht geschrieben, nur bedingt für das Thema Flipchart-Gestaltung passend. Eine Ausnahme ist das Kapitel „Bilder machen": Darin finden sich Tipps, wie man vorgehen kann um Bilder zu erstellen.

Davies, Paul B. et al.

„Cartoons zeichnen leicht gemacht", Parragon, 2004

Sehr witzige Anregungen und leicht nachzuzeichnen mit interessanten Effekten.

Frank, Hans-Jürgen

„Ideen zeichnen", Beltz, 2004

Wichtige Informationen über Schrift, Proportionen, Struktur usw. enthalten. Hilfreiche Tipps für das Mitvisualisieren in Workshops. Leider wenig ansprechende Gestaltung. Nur auf vier Bildelemente beschränkt.

Friedrich, Wolfgang G.

„Die Kunst zu präsentieren", VDI, 2003

Spritzig und kurzweilig geschrieben, mit Beispielen für eine klare Verbildlichung. Leider auch nur schwarz-weiß.

Hanitzsch, Dieter

„Zeichnen kann jeder", Falken GmbH, 1991

Ein extrem ansprechend illustriertes Buch, farbig, spritzig, pfiffig. Macht Lust auf Malen!

Hartmann, Martin; Funk, Rüdiger; Nietmann, Horst

„Präsentieren", Beltz, 1999

Ein wichtiges Basisbuch für Visualisierung.

Heck, Andreas

„FARBCODES", Diplomprojekt an der Filmakademie
Baden-Württemberg (Quelle: Internet)

Zugrunde liegen die bekannten Farblehren, Teile davon sind unter „Farbtheorie" beschrieben. Mit dem „Projekt" wird versucht, Farbräume dreidimensional im Raum darzustellen. Manche Ideen wurden nicht weiterverfolgt, stehen für sich. Ziel ist eine begehbare, interaktive Installation. Weiterhin soll ein „downloadbares" Programm erstellt werden, mit dem jeder das Farbmodell generieren kann.

Hofmann, Eberhard

„Professionell präsentieren – Wie Manager selbstsicher und stressfrei
vor Gruppen sprechen", Luchterhand, 2001

Beschreibt genau Hintergründe für die Notwendigkeit von Visualisierung und gibt einen Leitfaden zum Vorgehen.

Lasko, Wolf W.; Seim, Iris

„Die WOW-Präsentation", Gabler, 1999

Eine bunte Sammlung von Storys und Zitaten für Präsentationen und Vorträge.

Müller-Schwarz, Ulli; Weyer, Bernhard:

„Präsentationstechnik – Mehr Erfolg durch Visualisierung bei Vortrag und
Verkauf", Gabler, 1991

Die Vor- und Nachteile von Präsentationsmedien, in Kürze beschrieben. Anders als der Titel verspricht, liegt der Schwerpunkt des Buches auf der inhaltlichen Präsentationsgestaltung und die Visualisierung nimmt nur einen kleinen Raum ein.

Püttjer, Christian

„Optimal präsentieren. So überzeugen Sie mit Körpersprache",
Campus GmbH, 2001

Nur ein sehr kurzes Kapitel über Flipchartgestaltung. In Appell-Form geschrieben, so dass es die Kreativität des Einzelnen nicht sehr anspricht.

Rock, Gerhard

„Präsentieren mit Power", mvg, 1995

Beschreibt Hintergründe, warum Visualisierung wichtig ist, und zeigt auch anschauliche Beispiele. Leider lädt die Form nicht gerade zum Schmökern ein.

Schildt, Thorsten; Kürsteiner, Peter

„100 Tipps & Tricks für Overhead- und Beamerpräsentationen", Beltz, 2003

Details sehr erfrischend für Flipchart-Gestaltung.

Schmidt, Kim

„Comic Zeichenkurs", Carlsen Comics, 2003

Einfache und hilfreiche Tipps für die Darstellung von Figuren. Als Comic gestaltet. Macht richtig Spaß.

Schnelle-Cölln, Telse; Schnelle, Eberhard

„Visualisieren in der Moderation", Bd. 5, Windmühle GmbH, 1998

Mit pfiffigen Bildern, Fotos und Beschreibungen regt das Buch an, sich mit Visualisierung detaillierter zu beschäftigen. Verständlich und nachvollziehbar geschrieben.

Prof. Dr. Schulz von Thun, Friedemann

„Klarkommen mit sich selbst und anderen: Kommunikation und soziale Kompetenz", Rowohlt, 2004

Motivierend, um auch aus dem Stegreif zu visualisieren.

Seifert, Josef W.

„Visualisieren, Präsentieren, Moderieren", GABAL, 1997

Leicht nachzuvollziehen und trotzdem differenziert und praxisorientiert für den Einstieg.

Steffens, Michael

„2.300 Illustrationen für die erfolgreiche Präsentation rund ums Geschäfts- und Arbeitsleben", CD-ROM

Bietet 2.300 Illustrationen für Präsentation, die als Eyecatcher mit Humor seminarbegleitende Unterlagen auflockern.

Weidenmann, Bernd

„100 Tipps & Tricks für Pinnwand und Flipchart", Beltz, 2000

Das Buch hält wesentlich mehr Ideen bereit als der Titel verspricht: Spritzig, pfiffig und kurzweilig lesen sich die Tipps und regen zu kreativem Mehr an.

Weidenmann, Bernd

„Erfolgreiche Kurse und Seminare – Professionelles Lernen mit Erwachsenen", Beltz, 2000

Flipchart- und Pinnwand-Gestaltung ist nur ein kleiner Beitrag in diesem Buch. Empfehlenswert jedoch trotzdem, weil es einen guten Gesamtüberblick über Trainingsgestaltung und die Einbettung von Medien in die Gestaltung gibt.

Witte, A.

„Überzeugend informieren", FBO, 1985

Viel Text, wenig Farbe und anschauliche Grafiken. Sehr ausführlich beschrieben, insofern für Einsteiger geeignet. Allerdings viele Verallgemeinerungen.

Index

Peter Flume

Mitreißend präsentieren mit PowerPoint

Informieren, faszinieren, überzeugen mit PowerStories

2., überarbeitete und erweiterte Auflage, 2008,
155 Seiten, viele farbige Abbildungen,
gebunden, € 34,90
ISBN 978-3-89578-321-0

Peter Flume vermittelt Ihnen neue Wege zum Entwickeln von Präsentationen. Er zeigt, wie Sie aus Ihren Inhalten spannende Geschichten für Ihr Publikum machen. Ihre Begeisterung und Ihr Fachwissen können Sie so zu intensiven, wirksamen Präsentationen verknüpfen, deren Botschaften viel besser angenommen und gespeichert werden. Zielgruppen des Buchs sind alle, die mit Präsentationen informieren, überzeugen und begeistern müssen: Manager, Vertriebsbeauftragte, Projektmanager, Wissenschaftler, Entwickler, Planer, Controller, Unternehmensberater, Werbeberater.

Das Buch nutzt jedem, der mit PowerPoint präsentiert – eine Fundgrube an Ideen.

Stefanie Widmann, Andreas Wenzlau

Moderne Parabeln

Eine Fundgrube für Trainer, Coachs und Manager

2008, 189 Seiten,
gebunden, € 19,90
ISBN 978-3-89578-306-7

Sie brauchen einen Einstieg oder Sie wollen Inhalte verdeutlichen – für einen Vortrag, ein Seminar, ein Training, ein Moderationsgespräch oder einen Workshop? Gegliedert nach Schlagworten und jeweils ergänzt um ein Fazit, helfen Ihnen hier die „Modernen Parabeln": wahre, erfundene oder ein bisschen wahre Geschichten, verpackt in einem attraktiven, handlichen Buch.

Geschichten, die darauf warten, von Ihnen aufgegriffen, nacherzählt oder wieder verändert zu werden.

Nicolai Andler

Tools für Projektmanagement, Workshops und Consulting

Ein Kompendium der wichtigsten Techniken und Methoden

2., überarbeitete und erweiterte Auflage, März 2009,
ca. 310 Seiten, ca. 110 Abbildungen, gebunden, € 39,90
ISBN 978-3-89578-334-0

Das Buch richtet sich an Projektmanager und -mitarbeiter, an Berater, an Trainer und Coachs und an Führungskräfte aus allen Bereichen sowie an Studenten, die gerne mehr Instrumente beherrschen möchten als die BCG-Matrix, Mindmap oder Brainstorming. Es bietet ihnen eine umfassende Sammlung der wichtigsten Tools und zeigt ihnen, wann man welches Tool einsetzt und wie man es anwendet.

Das Buch ist eine Fundgrube zum Thema „systematisches Arbeiten"; große Beratungsunternehmen nutzen das Buch für Schulungszwecke.

Klaus-Günter Struck

Der Coaching-Prozess

Der Weg zu Qualität: Leitfragen und Methoden

2006, 249 Seiten, 30 Abbildungen,
gebunden, € 39,90
ISBN 978-3-89578-265-7

Dieses Buch wendet sich an Coachs, an Führungskräfte in Linie und Projekt sowie an Personalentwickler und andere Einkäufer von Coachingmaßnahmen. Der Autor liefert zum einen ein Konzept, mit dem sich Coaching-Ziele und -Situationen nach ihrer Schwierigkeit beurteilen lassen und notwendige Kompetenzen für entsprechende Maßnahmen ermittelt werden können. Zum anderen bietet er Leitfragen und Methoden, mit deren Hilfe jeder Coach seine Arbeit systematisch optimieren kann.

Dirk Börnecke

Ethisch und rechtlich konformes Verhalten von Führungskräften und Mitarbeitern

Ein Leitfaden mit Mustertexten und Beispielen

Juni 2009, ca. 200 Seiten, gebunden, ca. € 37,90
ISBN 978-3-89578-336-4

In diesem Buch finden Manager und Führungskräfte großer, mittlerer und kleiner Unternehmen, Berater und Juristen klare Regeln zu den Themen Compliance und Business Conduct Guidelines, Mustertexte und praktische Beispiele. Auch wer sich über seine persönliche Rechtslage informieren will, findet entsprechende Informationen. Stichwörter sind: Gefälligkeiten und Geschenke, Umgang mit Personen, Institutionen, Informationen und Ressourcen, persönliche Vorteilsnahme, Interessenkonflikte, technische und persönliche Sicherheit, Umweltschutz, Diskriminierung, Mobbing und Chancengleichheit.

Das Buch ist knackig, klar und praxisorientiert.

Manfred Burghardt

Einführung in Projektmanagement

Definition, Planung, Kontrolle, Abschluss

5., überarbeitete und erweiterte Auflage, 2007,
359 Seiten, 120 Abbildungen,
24 Tabellen, kartoniert, € 39,90
ISBN 978-3-89578-301-2

Inhaltlich topaktuell, bietet „Einführung in Projektmanagement" eine praxisorientierte, verständliche und übersichtliche Einführung in die Methoden und Vorgehensweisen des modernen Projektmanagements. Es hilft Projektbeteiligten in der Industrie, im Dienstleistungsbereich und in der Forschung, Projekte richtig zu planen, durchzuführen, zu überwachen und zu steuern und dabei die Parameter Leistung, Einsatzmittel (Geld, Personal, Maschinen usw.) und Zeit optimal aufeinander abzustimmen. Studenten der Ingenieur- und Wirtschaftswissenschaften bietet es eine praxisnahe Einführung in das Thema.